全国高等院校计算机基础教育"十三五"规划教材

MySQL 数据库程序设计实验教程

罗银辉 戴 蓉 主 编

路 晶 刘光志 宋海军 副主编

傅 强 刘晓东 主 审

U0310505

中国铁道出版社有限公司
CHINA RAILWAY PUBLISHING HOUSE CO., LTD.

内 容 简 介

目前，PHP 与 MySQL＋Apache 已经成为各类中小型网站及信息管理系统应用开发的经典组合，受到广大软件爱好者甚至是商业软件用户的青睐。本书作为《MySQL 数据库程序设计》的配套教材，以 WampServer 平台、phpMyAdmin 平台、MySQL 数据库基础、数据库和表的操作、事务管理、锁管理、存储过程管理、视图管理、函数管理、应用程序开发等为具体内容，设计了 15 个有针对性的实验，这些实验可操作性强，容易实现，便于学生掌握核心内容。

本书内容适当、讲解深入浅出，适合作为高等院校非计算机专业数据库程序设计的实验教材，也可作为培训机构的培训实践教材、全国计算机等级考试（二级）MySQL 数据库程序设计的培训实践操作教材，还可作为广大 MySQL 爱好者的实践参考书。

图书在版编目（CIP）数据

MySQL 数据库程序设计实验教程/罗银辉，戴蓉主编. —北京：
中国铁道出版社，2018.2（2023.1重印）
全国高等院校计算机基础教育"十三五"规划教材
ISBN 978-7-113-24247-3

Ⅰ.①M… Ⅱ. ①罗… ②戴… Ⅲ.①SQL 语言-程序设计-高等
学校-教材 Ⅳ.①TP311.132.3

中国版本图书馆 CIP 数据核字（2018）第 017196 号

书　　名：MySQL 数据库程序设计实验教程	
作　　者：罗银辉　戴　蓉	
策　　划：周海燕	编辑部电话：（010）63549501
责任编辑：周海燕　彭立辉	
封面设计：乔　楚	
责任校对：张玉华	
责任印制：樊启鹏	

出版发行：中国铁道出版社有限公司（100054，北京市西城区右安门西街 8 号）
网　　址：http://www.tdpress.com/51eds/
印　　刷：三河市兴达印务有限公司
版　　次：2018 年 2 月第 1 版　　2023 年 1 月第 5 次印刷
开　　本：787mm×1092 mm　1/16　印张：8.75　字数：209 千
书　　号：ISBN 978-7-113-24247-3
定　　价：24.00 元

互联网时代，随着大数据处理技术的日趋成熟，数据库技术与各行各业的联系越来越紧密。将关系数据库管理系统 MySQL 与跨平台嵌入式脚本编程语言 PHP（超文本预处理器）结合起来，开发出利用网页进行数据处理的应用系统，已成为目前各商业软件的首选。

本书是《MySQL 数据库程序设计》（何元清、魏哲主编）的配套教材。全书共编排了 15 个实验，每个实验均通过 MySQL 控制平台和 phpMyAdmin 可视化平台两种途径讲解 MySQL 数据库与数据表的各项基本操作的详细操作过程，同时对 PHP 程序设计、PHP 与 MySQL 结合的系统开发设计进行了详细讲解。本书结构清晰，内容组织合理，是各高等院校学生学习数据库技术的优秀教学辅导用书。

本书通过实验的方式使学生加深对 WampServer 平台基本操作的掌握，对 MySQL 数据库控制台和 phpMyAdmin 界面下数据库与数据表操作的掌握，对 PHP 与 MySQL 相结合的系统设计的掌握。其中：实验 1～实验 4 主要介绍 WampServer 的使用、MySQL 控制台和 phpMyAdmin 下数据库与数据表的基本操作，以及 PHP 语言基本知识与 PHP 程序设计等内容；实验 5 和实验 6 介绍了 MySQL 控制台和 phpMyAdmin 下的数据库和数据表操作以及数据完整性操作；实验 7～实验 9 主要对数据查询、索引与视图的基本内容进行了实验操作；实验 10～实验 13 就触发器与事件、存储过程与存储函数、访问控制与管理以及备份恢复等内容进行了实验操作；实验 14 和实验 15 介绍了 PHP 的 MySQL 编程，并用一个系统开发实例作为最终总结。

本书由中国民航飞行学院罗银辉、戴蓉任主编，路晶、刘光志、宋海军任副主编，傅强、刘晓东主审。具体编写分工：实验 1～实验 4 由罗银辉编写，实验 5、实验 6 由刘光志编写，实验 7～实验 9 由戴蓉编写，实验 10～实验 13 由路晶编写，实验 14、实验 15 由宋海军编写。全书由罗银辉统稿、定稿。

本书在编写过程中得到中国民航飞行学院各级领导和同行专家的大力支持和帮助，计算机工程教研室何元清、周敏、张欢、张娅岚、魏哲、华漫、徐国标老师在资料的收集和整理方面付出了辛勤的劳动；在出版过程中，中国民航飞行学院教务处给予了大力支持，在此一并表示衷心感谢。

由于时间仓促，编者水平有限，书中难免存在疏漏和不妥之处，敬请读者批评指正。

编　者
2017 年 11 月

实验 1 \ WampServer 环境

实验目的：

① 了解 WampServer 安装过程。

② 理解 WampServer 配置。

③ 掌握 WampServer 中 phpMyAdmin 工具的使用。

④ 掌握 WampServer 管理 PHP 的简单测试。

实验内容：

① WampServer 安装过程。

② WampServer 配置过程。

③ phpMyAdmin 的使用。

④ WampServer 中使用 PHP。

【1-1】在 Windows 7 下安装 WampServer

操作步骤：

① 确定 Windows 7 操作系统是 32 位操作系统还是 64 位操作系统，在 WampServer 官方网站 http://www.WampServer.com 下载对应的 32 位 WampServer 或 64 位 WampServer 安装包。

② 对于新用户来说，没有安装 WampServer，双击下载目录下的 WampServer3.0.6_x64_apache2.4.23_mysql5.7.14_php5.6.25-7.0.10.exe 文件，安装程序开始运行，进入语言选择界面，如图 1-1 所示。

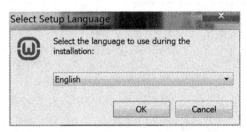

图 1-1　语言选择界面

③ 单击 OK 按钮，进入安装许可界面，如图 1-2 所示。

④ 选中 I accept the agreement 单选按钮，单击 Next 按钮，进入信息界面，如图 1-3 所示。

⑤ 单击 Next 按钮，进入安装目录设置界面，如图 1-4 所示。

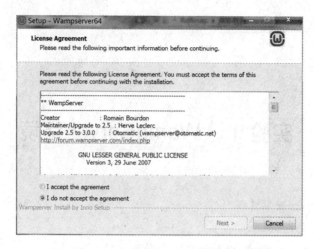

图 1-2　安装过程—安装许可界面

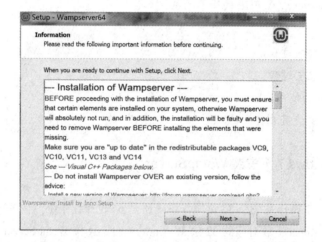

图 1-3　安装过程—信息界面

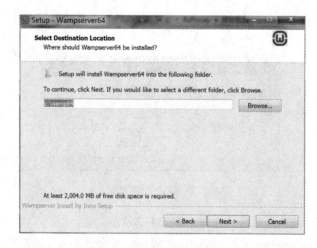

图 1-4　安装目录设置界面

如果要选择其他安装目录，可单击 Browser 按钮。如果保持默认安装目录，则单击 Next 按钮，进入开始菜单文件夹名称设置界面，如图 1-5 所示。如果需要更改目录，可单击 Browse 按钮进行选择，如果不更改，可单击 Next 按钮，进入安装准备就绪界面，如图 1-6 所示。

单击 Install 按钮，进入安装进度界面，如图 1-7 所示。

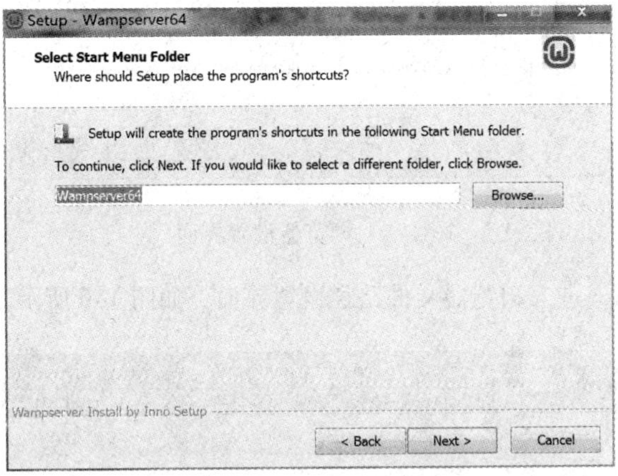

图 1-5　启动菜单文件夹名称设置界面

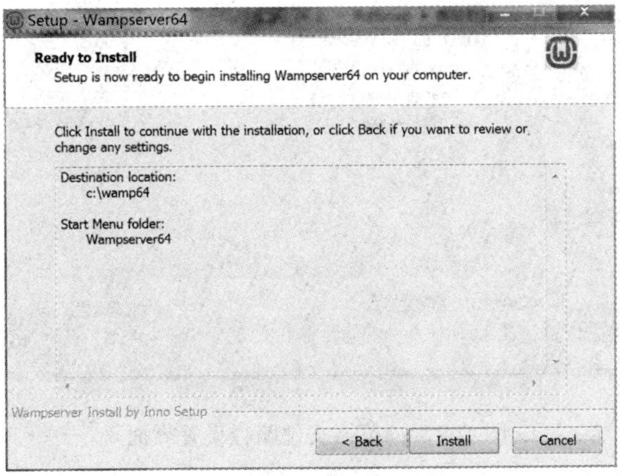

图 1-6　安装准备就绪界面

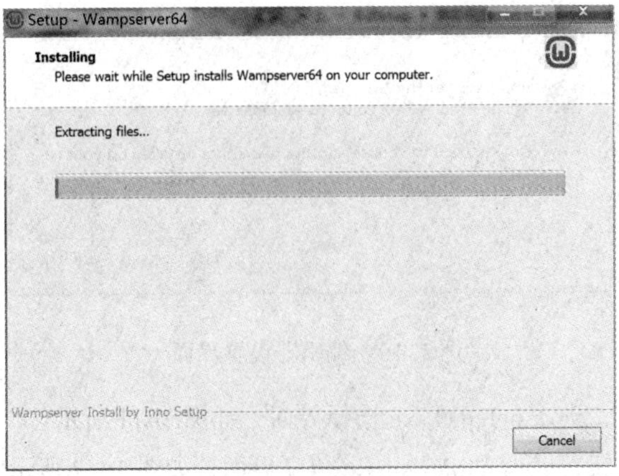

图 1-7　安装进度界面

⑥ 等待安装完成，进入浏览器设置界面，如图 1-8 所示。

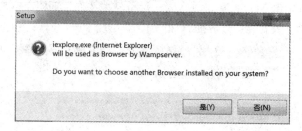

图 1-8　浏览器设置界面

⑦ 单击"是"按钮，进入浏览器文件路径设置界面，如图 1-9 所示。

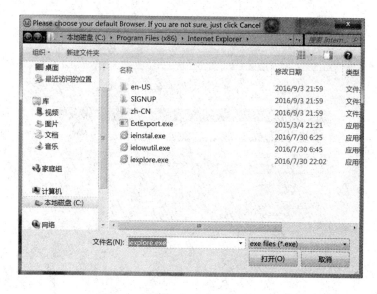

图 1-9　浏览器文件路径设置界面

⑧ 单击"打开"按钮，进入编辑器设置界面，如图 1-10 所示。

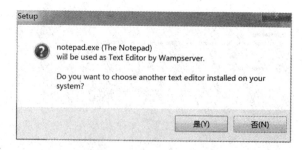

图 1-10　编辑器设置界面

⑨ 单击"是"按钮，进入 notepad.exe 选择界面，如图 1-11 所示。

⑩ 单击"打开"按钮，进入 phpMyAdmin 信息界面，如图 1-12 所示。

图 1-11　notepad 选择界面

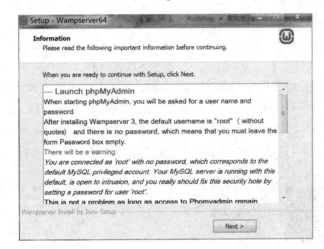

图 1-12　phpMyAdmin 信息界面

⑪ 单击 Next 按钮，进入 WampServer 安装完成通知界面，如图 1-13 所示。

图 1-13　WampServer 安装完成通知界面

⑫ 单击 Finish 按钮，WampServer 应用程序安装完成，并在桌面上创建启动快捷方式图标，在开始菜单中创建应用程序菜单项。

【1-2】WampServer 配置

操作步骤：

① 双击桌面上的 WampServer 启动图标，启动 WampServer。如果启动正常，则系统任务栏上的 WampServer 图标呈现绿色，如图 1-14 所示。

图 1-14　WampServer 正常运行状态显示任务栏图标

② 设置语言。右击任务栏上的 WampServer 绿色图标，在弹出的快捷菜单中选择"语言"→chinese 命令即设置为中文，如图 1-15 所示。

③ 配置 WampServer 的 www 目录。WampServer 安装完成之后，默认的 www 目录在程序安装所在文件夹的 www 子文件夹下。为了简单，不修改其默认目录。

④ Apache Web 服务器配置。WampServer 安装好之后支持 PHP 页面，文件解释类型都已经添加完毕，所以不需要太多的设置。这里只介绍简单的虚拟目录设置过程。

* 检查 Apache Web 服务器工作是否正常。单击任务栏上的 WampServer 图标，在弹出的菜单中选择 Localhost 选项，如图 1-16 所示。通过 IE 浏览器打开本地网站 http://localhost:8080，如果服务器工作正常，则如图 1-17 所示。

图 1-15　设置语言

图 1-16　选择 localhost 选项

* 设置虚拟目录。单击 WampServer 托盘图标，在弹出的菜单中选择"www 目录（W）"（见图 1-18），打开 www 文件夹窗口，如图 1-19 所示。

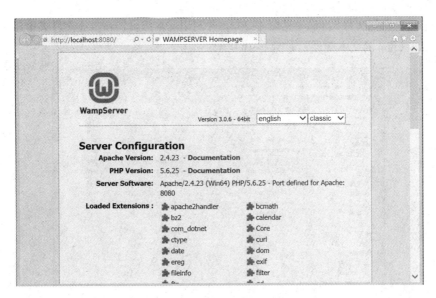

图 1-17　WampServer 虚拟目录浏览界面

图 1-18　www 目录选择

图 1-19　www 文件夹窗口

- 在窗口中新建文件夹 test（见图 1-20），并利用文本编辑器在 test 文件夹中建立一个名字为 index.php 的文本文件，如图 1-21 所示。

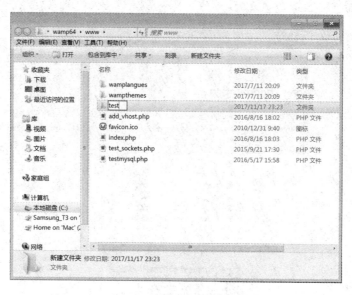

图 1-20　test 文件夹

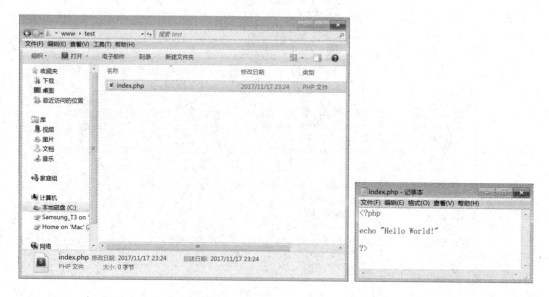

图 1-21　index.php 文件及其内容

在浏览器地址栏中输入 http://localhost:8080/test，如果服务器工作正常，则显示结果如图 1-22 所示。

【1-3】phpMyAdmin 的使用

操作步骤：

① 单击任务栏中的 WampServer 图标，在弹出的菜单中选择 phpMyAdmin，进入 phpMyAdmin 使用界面，如图 1-23 所示。

图 1-22　虚拟目录 test 测试效果

图 1-23　phpMyAdmin 使用界面

② 语言栏选择"中文—Chinese simplified",则整个界面显示为中文。在"用户名"文本框中输入"root",单击"执行"按钮,进入 phpMyAdmin 管理界面,如图 1-24 所示。

图 1-24　phpMyAdmin 管理界面

在此状态下，可以对数据库进行操作。例如，数据库浏览、SQL 语句使用、查看数据库状态、数据库的账户管理、数据库内容的导入和导出以及其它功能。

③ 浏览数据库。图 1-24 所示界面左边窗格显示 MySQL 的数据库信息，当前有 6 个数据库，可以通过该窗格新建数据库。单击右侧窗格的"数据库"按钮，显示 MySQL 的数据库信息，如图 1-25 所示。

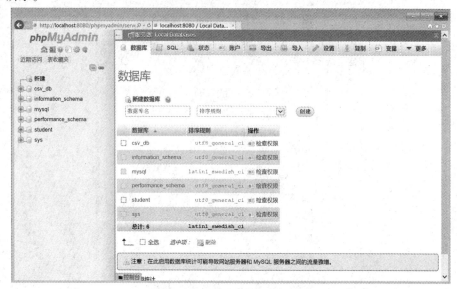

图 1-25　浏览数据库信息

④ 数据库账户管理。单击 phpMyAdmin 界面中的"账户"按钮，进入 MySQL 数据库的账户管理界面，如图 1-26 所示。

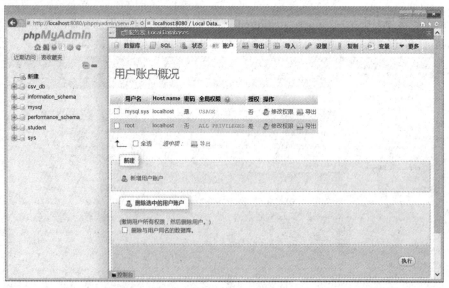

图 1-26　账户管理界面

⑤ 新建 test 账户。单击"新增用户账户"按钮，进入新增用户账户界面，如图 1-27 所示。

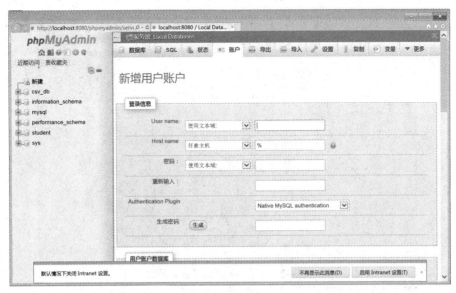

图 1-27　新增用户账户界面

- 在 User name 对应的右边文本框中输入 test；在 Host name 对应的文本框中选择"本地"，右边文本框中则自动显示 localhost；在"密码"框中输入密码"123456"，在"重新输入"右边的文本框中输入密码"123456"，结果如图 1-28 所示。

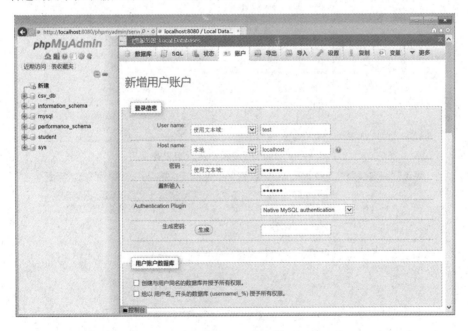

图 1-28　新增用户账户信息界面

- 向下滚动滚动条，选中"全局权限"复选框，如图 1-29 所示。
- 向下滚动滚动条，单击右下角的"执行"按钮，执行后的结果如图 1-30 所示。
- 再次单击窗格中的"账户"按钮，可以看到新建的 test 信息，如图 1-31 所示。

图 1-29　用户全局权限设置界面

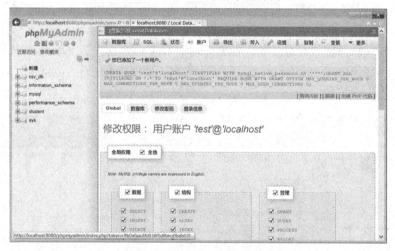

图 1-30　新增用户账户执行结果界面

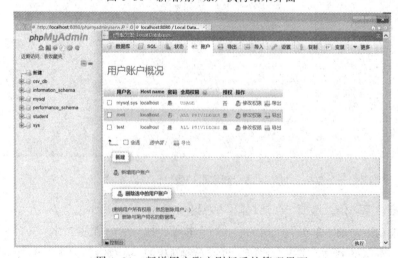

图 1-31　新增用户账户刷新后的管理界面

实 训 项 目

【实训】新增用户账户。要求如下：

账户名：自己的学号。

主机名：本地主机。

账号密码：12345678。

全局权限：所有。

思考与练习

1. phpMyAdmin 的具体应用是什么？

2. WampServer 包含哪些服务程序？

3. 如何理解账号的全局权限？

实验 2 \ MySQL 基本操作

实验目的：

① 掌握不同窗口下 MySQL 的操作方法。

② 掌握 phpMyAdmin 下的 MySQL 结构。

③ 掌握 MySQL 命令格式。

实验内容：

① 控制台下 MySQL 命令格式。

② 不同窗口的命令格式。

③ phpMyAdmin 下的 MySQL 数据库结构。

④ 导入数据库。

⑤ MySQL 控制台下的基本命令。

【2-1】两种不同的 MySQL 的操作方式

1. 控制台下操作 MySQL

单击任务栏上的 Wampserver 图标，在弹出的菜单中选择 MySQL→"MySQL 控制台"命令，如图 2-1 所示。系统会弹出控制台窗口，若有密码则输入密码，然后按下【Enter】键，进入 MySQL 控制台界面。控制台窗口显示 MySQL 的版本等信息。同时显示 "mysql" 命令输入提示符，如图 2-2 所示。

图 2-1 打开 MySQL 控制台

2. 利用 phpMyAdmin 操作 MySQL

单击任务栏上的 Wampserver 图标，在弹出的菜单中选择 phpMyAdmin 命令，进入 phpMyAdmin 窗口界面，输入用户账号和密码，进入 phpMyAdmin 管理界面，进行 MySQL 数据库管理，如图 2-3 所示。

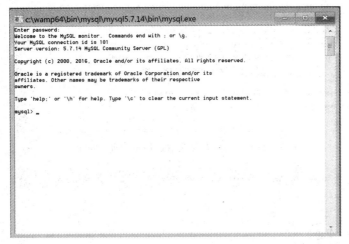

图 2-2   MySQL 控制台窗口

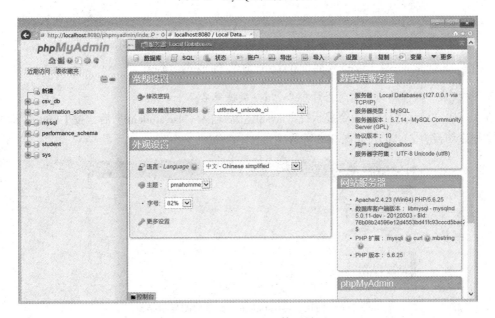

图 2-3   phpMyAdmin 管理界面

【2-2】控制台下 MySQL 的基本命令格式及基本命令操作

控制台下，MySQL 的命令格式有两种：一种是命令字符后不带分号（；）；另一种是命令字符后带分号（；）。注意，所有的命令字符均为英文字符。

1. MySQL 控制台窗口退出命令 exit

如图 2-4 所示，在 MySQL 控制台窗口的命令提示符"mysql>"后输入 exit，按【Enter】键，则控制台窗口关闭。

2. 显示所有数据库命令"show databases;"

在 MySQL 控制台窗口的命令提示符"mysql>"后输入"show databases;"后，按【Enter】键，则显示所有数据库名称，如图 2-5 所示。

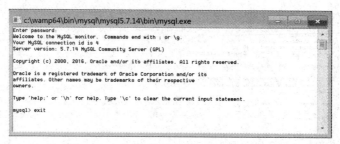

图 2-4　MySQL 控制台窗口退出命令 exit

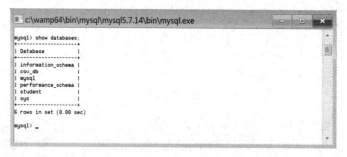

图 2-5　显示所有数据库命令 "show databases;"

3. 切换某个数据库为当前数据库命令 "use 数据库名;"

在 MySQL 控制台窗口的命令提示符 "mysql>" 后输入 "use student;" 后，按【Enter】键，则当前数据库切换为 student，如图 2-6 所示。

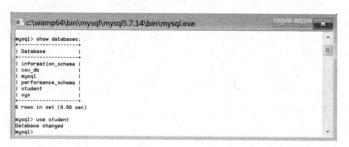

图 2-6　使用 "use student" 命令后的显示结果

4. 显示当前数据库下的所有表命令 "show tables;"

按图 2-6 所示的操作后，在命令提示符 "mysql>" 后输入 "show tables;"，按【Enter】键，则显示当前数据库 student 下的所有表，如图 2-7 所示。

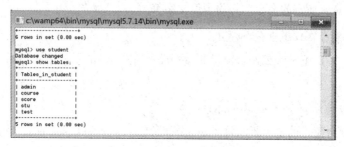

图 2-7　显示当前数据库下的所有表

5. 查询表结构命令"desc 表名;"

按图 2-7 所示的操作后，在命令提示符"mysql>"后输入"desc course;"，按【Enter】键，则显示当前数据库 student 下 course 表的结构，如图 2-8 所示。

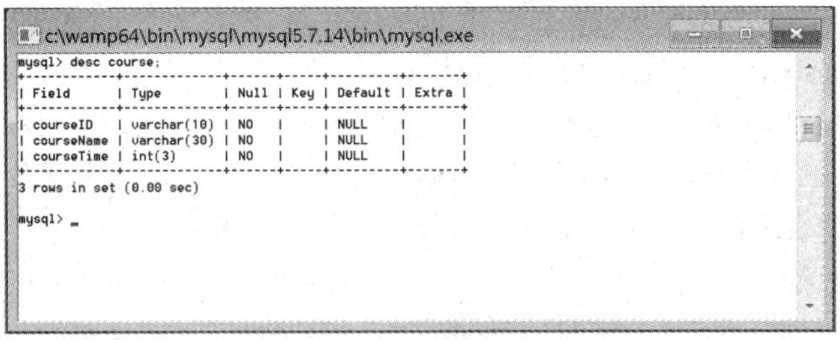

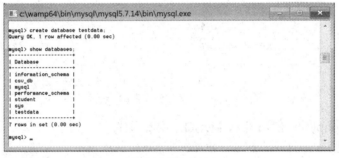

图 2-8　查询表结构

6. 创建数据库命令"create databasc 数据库名;"

使用创建数据库命令创建一个数据库，名称为 testdata。

在命令提示符"mysql>"后输入"create database testdata;"，然后按【Enter】键，数据库创建成功。然后，输入"show databases;"命令，查看数据库，可以看到刚创建好的数据库 testdata，如图 2-9 所示。

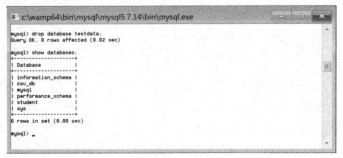

图 2-9　创建数据库 testdata

7. 删除数据库命令"drop database 数据库名;"

使用删除数据库命令删除 testdata 数据库。

在命令提示符"mysql>"后输入"drop database testdata;"，然后按【Enter】键，删除数据库成功。然后，输入"show databases;"命令，查看数据库，可以看到刚创建好的数据库 testdata 已经被删除，如图 2-10 所示。

图 2-10　删除数据库 testdata

8. 导入 SQL 文件生成数据表命令：source 路径名/文件名；

① 在控制台下创建 testdata 数据库。

② 使用 use 命令将 testdata 数据库设置为当前数据库。

③ 查看当前 testdata 数据库下的表列表 "show tables;"

④ 将测试文件 testtable.sql 拷贝到 c 盘根目录下。

⑤ 在命令提示符 "mysql>" 后输入 "source c:/testtable.sql;"

⑥ 查看当前 testdata 数据库下的表列表 "show tables;"

⑦ 显示建立的新表结构 "desc tesTable;"

效果如图 2-11 所示。

图 2-11　source 命令创建表效果

【2-3】使用 phpMyAdmin 进行 MySQL 基本操作

单击任务栏中的 WampServer 图标，在弹出的菜单中选择 phpMyAdmin，进入 phpMyAdmin 界面登录窗口，输入 root，输入密码或者为空，进入 phpMyAdmin 管理界面，如图 2-12 所示。

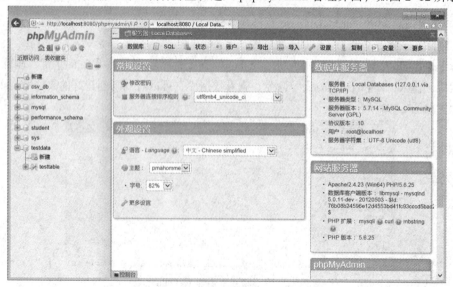

图 2-12　phpMyAdmin 管理界面

1．查看数据库

图 2-12 的左边窗格，显示了 MySQL 系统中的所有数据库名称信息。

图 2-12 右边窗格上，单击"数据库"按钮，则显示数据库的名称、排序规则、操作等较为详细的信息，如图 2-13 所示。

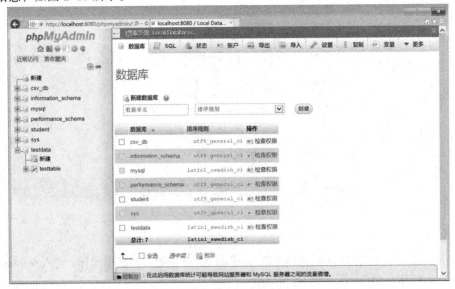

图 2-13　数据库详细信息显示

2．新建数据库

方法一：单击图 2-12 左边窗格上的"新建"，直接切换到数据库查看界面。

方法二：单击图 2-12 右边窗格上的"数据库"按钮，切换到数据库查看界面。

数据库创建就是在数据库查看界面上完成。

在"新建数据库"标签下方的文本框按照提示输入"数据库名"和选择"排序规则"，单击"创建"按钮就可以创建新的数据库。

例如，创建新的数据库，名称为 testdata2。

① 在数据库名文本框中输入 testdata2，排序规则选择 utf8_general_ci。

② 单击"创建"按钮。

创建新的数据库显示结果，如图 2-14 所示。

3．删除数据库

方法一：单击图 2-12 左窗格中的任意一个数据库名，进入该数据库管理界面，单击界面上的"操作"按钮，进入数据库操作界面。

方法二：单击图 2-12 左窗格中任意一个数据库名左边的圆柱形图标，直接进入该数据库操作界面。

在数据库操作界面上，单击"删除数据库"按钮，弹出删除数据库确认对话框。单击"确认"按钮，则该数据库被删除。

例如，删除刚建好的数据库 testdata2。

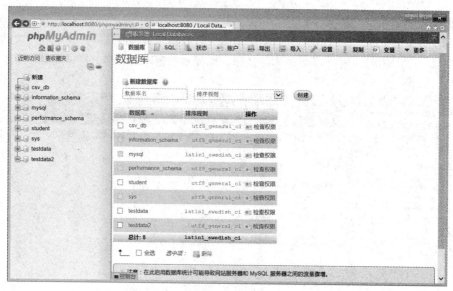

图 2-14　创建新数据库 testdata2

操作步骤：

① 使用方法二单击图 2-14 左窗格中的 testdata2 文本左边的圆柱形图标，进入 testdata2 数据库操作界面，如图 2-15 所示。

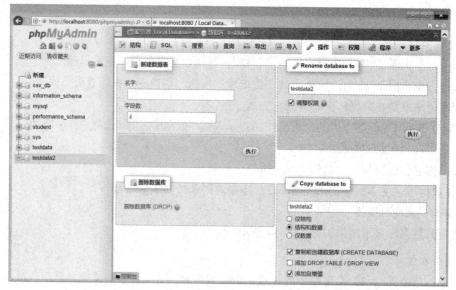

图 2-15　数据库 testdata2 操作界面

② 单击"删除数据库"按钮，弹出删除确认对话框，如图 2-16 所示。

图 2-16　数据库 testdata2 删除确认对话框

③ 单击"确认"按钮，数据库 testdata2 被删除。刷新数据库管理界面，可以看到 testdata2 消失了，如图 2-17 所示。

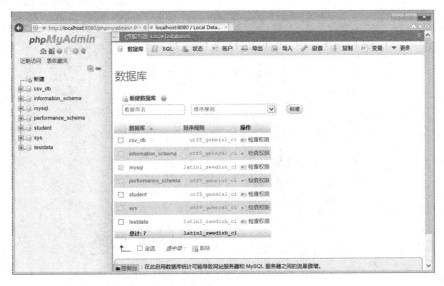

图 2-17   删除数据库 testdata2

4. 数据表导出

操作步骤：

① 选中左窗格中的 testdata 数据库。

② 单击右窗格中的"导出"按钮，在显示的界面中选中"快速-显示最少的选项"单选按钮，如图 2-18 所示。

③ 单击"执行"按钮。

④ 在弹出的保存路径提示框中单击"保存"按钮右边的下拉按钮，在弹出的菜单中选择"另存为"命令。

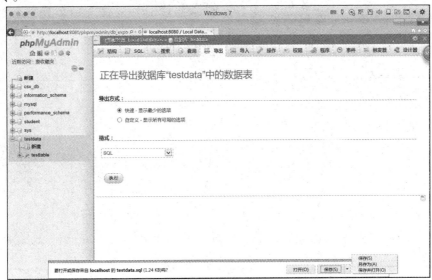

图 2-18   数据表导出选项及文件保存操作

⑤ 在打开的"另存为"对话框中，选择保存文件路径为"桌面"，文件名为 testdata.sql，如图 2-19 所示。

图 2-19 "另存为"对话框

⑥ 单击"保存"按钮，testdata.sql 成功保存到桌面。

5. 数据表导入

为了测试，将数据表导出的 testdata.sql 文件通过导入功能导入到当前数据库。

操作步骤：

① 单击左窗格中的 testdata 数据库，可以看到当前 testdata 数据库中的表，其中的一个表就是 testtable。单击中间的"删除"按钮，在弹出的删除确认对话框中单击"确定"按钮。删除后的界面如图 2-20 所示，在 testdata 数据库中已没有表存在。

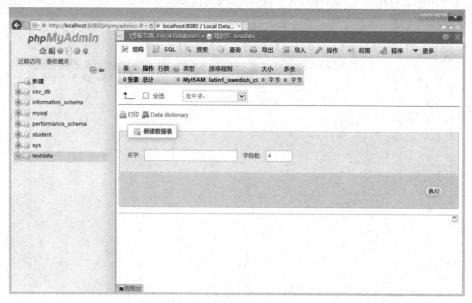

图 2-20 删除 testdata 数据库中 testtable 表后的结果

② 单击右窗格中的"导入"按钮，在"导入到数据库'testdata'"界面中单击"要导入的文件"下面的"浏览"按钮，打开"选择要加载的文件"对话框，路径选择"桌面"，文件选择 testdata.sql，如图 2-21 所示。

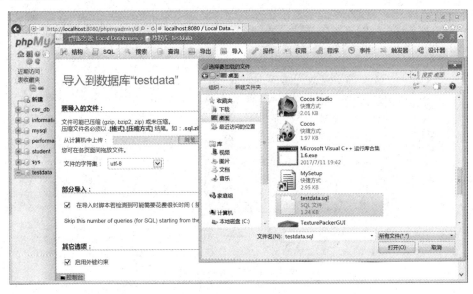

图 2-21　选择导入的文件

③ 单击"选择要加载的文件"对话框中的"打开"按钮，文件路径则在"从计算机中上传"所对应的文本框中显示出来。向下滚动滚动条，显示页面下半部分，单击"执行"按钮，如图 2-22 所示。

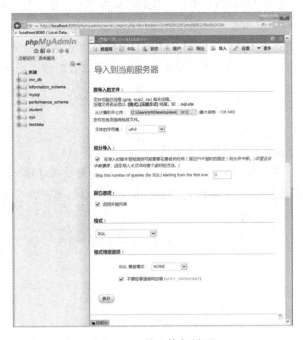

图 2-22　导入执行界面

④ 导入文件执行成功后，显示导入信息，结果如图 2-23 所示。

从图 2-23 左边窗格可以看出，testdata 数据库新增加了一个数据表 testtable。

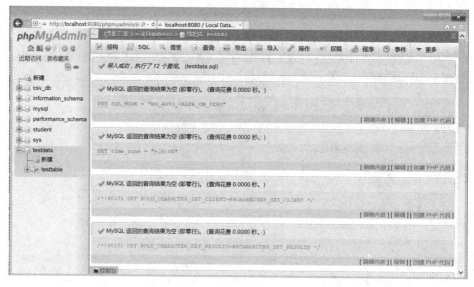

图 2-23　导入执行结果

实 训 项 目

【实训 2-1】练习 MySQL 控制台打开及关闭。

【实训 2-2】在 MySQL 控制台窗口中练习数据库操作基本命令：显示数据库、切换数据库、创建数据库、删除数据库、显示表、显示表结构。

【实训 2-3】创建数据库 testdata2，用 source 命令根据给定的 testtable.sql 文件创建表。

【实训 2-4】在 phpMyAdmin 中完成数据库的建立、数据表的导出和导入操作。

思考与练习

1. source 命令与 phpMyAdmin 中的数据表导入有什么区别？

2. 控制台下的 desc 命令显示内容与 phpMyAdmin 中的表结构有什么区别？

3. 控制台下的 drop database 命令与 phpMyAdmin 中的数据库删除有什么区别？

实验 3 PHP 基本语法

实验目的:

① 掌握 PHP 词法结构。

② 掌握 PHP 数据类型。

③ 掌握 PHP 变量和常量。

④ 掌握 PHP 表达式与操作符。

实验内容:

① PHP 词法结构。

② PHP 数据类型。

③ PHP 变量和常量。

④ PHP 表达式与操作符。

【3-1】PHP 词法结构验证

【3-1-1】语句、分号、变量名区分大小写,关键字不区分大小写例子。

3-1-1.php	在浏览器页面中的显示结果

<pre><?php
  $var="cafuc1";
  $VAR="cafuc2";
  $VaR="cafuc3";
  echo "\$var=$var
";
  ECHO "\$VAR=$VAR
";
  EcHo "\$VaR=$VaR";
?></pre>
	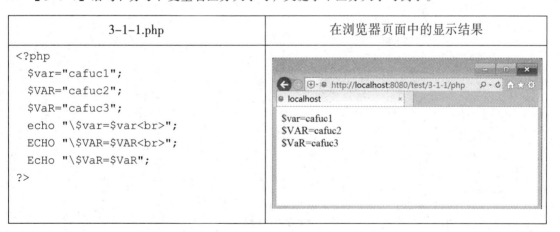

【3-1-2】注释与常量标识符的例子。

3-1-2.php	在浏览器页面中的显示结果

``php
<?php
 define('NCRE',"PHP &MySQL");
 //define()设置常量标识符
 $t=22; $s=23;
 /* 注释从这里开始
 ?>
 <p> I have two apples.</p>
 <?=$r=24; */
 echo ("t=$t s=$s r=$r </br>");
 echo NCRE;
?>
``
	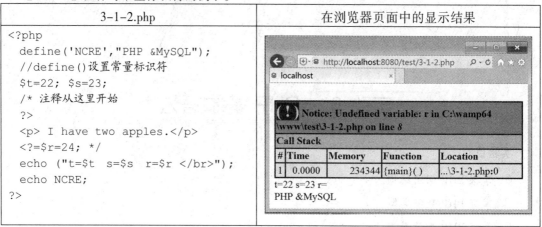

【3-2】PHP 数据类型定义及验证

PHP 数据类型包含字符型、整型、浮点型、布尔型、数组型、对象型、资源型和 NULL 型。

3-2.php

``php
<?php
 $x=3;
 $y=2.5;
 $z="hello";
 $m=true;
 $n[0]="cafuc";
 //以下是定义一个只有一个元素 name 的类 Student
 Class Student{
    var $name='';
    function name($newname=NULL){
    if(!is_null($newname))
    $this->name=$newname;
    return $this->name;
    }
 }
 	
 //定义结束
 $r=new Student;
 $r->name('cafuc');
 $t=NULL;
 if(is_int($x)) echo '$x 是整型变量
';
 if(is_float($y)) echo '$y 是浮点型变量
';
 if(is_string($z)) echo '$z 是字符型变量
';
 if(is_bool($m)) echo '$m 是布尔型变量
';
 if(is_array($n)) echo '$n 是数组型变量
';
 if(is_object($r)) echo '$r 是对象型变量
';
 if(is_null($t)) echo '$t 是 NULL 型变量
';
?>
``

在浏览器页面中的显示结果
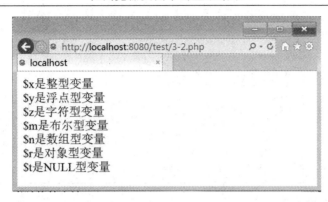

【3-3】数组的创建、遍历例子，包括 creator 数组举例

① 基本知识：数组的创建、遍历。

② 键名：数组元素的下标名称，一般是从 0 开始的整数，也可以是字符串。

③ 键值：数组元素中存储的值。

3-3.php

```php
<?php
#1 以数字键名引用的方式，通过给各数组元素赋值的方法
#直接创建人名数组$personname
$personname[0]="张三";
$personname[1]="李四";
$personname[2]="王五";
/*上面的方法可用 array 方法替代，创建后键名也是数字的，按赋值先后，从 0 开始依次递增
$personname=array('张三','李四','王五');            //一条语句
*/
#2 以字符串键名引用的方式，通过给各数组元素赋值的方法
#直接创建发明家数组$creator
$creator['电灯']="爱迪生";
$creator['活字印刷']="毕昇";
$creator['飞机']="冯如";
/*上面的方法可用 array 方法替代，创建后键名也是数字的，按赋值先后，从 0 开始依次递增
$creator=array('电灯'=>'爱迪生','活字印刷'=>'毕昇','飞机'=>'冯如');
*/
#3 遍历数组$personperson，显示其内容
foreach($personname as $name)                    //访问每个键
  echo "你好,$name<br>";
#4 遍历数组$creator，显示其内容
foreach($creator as $invention=>$inventor)
  echo "$inventor 发明了 $invention <br>";
?>
```

在浏览器页面中的显示结果
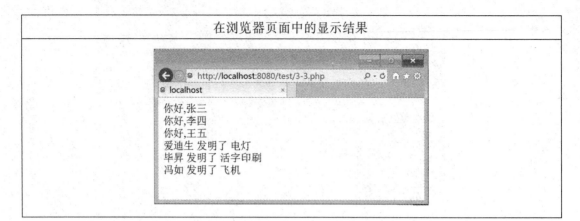

【3-4】PHP 变量的例子

基本知识：变量的概念和作用；变量的声明和使用；变量的变量；变量的作用域。

1. 变量类型、变量的变量

PHP 变量无类型检查，无须声明，类型随着在程序中的使用而改变。

【3-4-1】PHP 变量、空变量、变量的变量例子。

3-4-1.php

```php
<?php
#1 PHP 变量无类型检查
echo "1 同一变量赋值不同引用例子<hr>";
$what="你好! ";
echo "\$what 的值=$what<br>";
if(is_string($what)) echo "\$what 是字符串型变量<hr>";
$what=100;
echo "\$what 的值=$what<br>";
if(is_int($what)) echo "\$what 是整型变量<hr>";
$what=array('你好! ','100','飞行');
echo "\$what 的值为: <br>";
foreach($what as $e)
 echo "$e<br>";
if(is_array($what)) echo "\$what 是数组型变量<hr>";
#------------------------------------------------
#2 一个没有设置值的变量，它的值是 NULL,
#表示它是一个空变量，在程序运行时会给出未定义提示
echo "2 空变量例子<hr>";
if($uninitialized_variable==NULL)
 //此句可换为: if(is_null($uninitialized_variable))
  echo "\$uninitialized_variable 是空变量<hr>";
#------------------------------------------------
#3 变量的变量
echo "3 变量的变量例子<hr>";
$r='i';
$$r=100;
echo "因为\$r=$r<br>";
```

```
    echo "所以\$\$r=$$r<br>";
    echo "又因为$$r=".$$r."<br>";
    echo '故$$r='.$$r;
    echo "<hr>:-)你明白了吗?";

?>
```

在浏览器页面中的显示结果
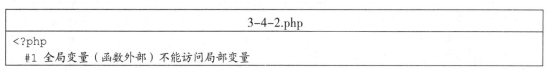

注意：因为程序代码中 uninitialized_variable 没有定义，所以运行时浏览器给出了警告信息。

2．PHP 变量的作用域

基本知识：PHP 变量按其作用域分为局部变量、全局变量。静态变量、函数的参数属于局部变量；从局部访问全局变量的方法；从全局访问局部变量的方法。

【3-4-2】全局变量、局部变量的访问例子。

3-4-2.php
| ```
<?php
  #1 全局变量（函数外部）不能访问局部变量
``` |
```

```php
echo"1 全局变量（函数外部）不能访问局部变量<br>";
#下面的函数更新了一个局部变量而不是全局变量
function update_number(){
  $number=0;                          //局部变量 number
  $number++;
  echo"局部\$number=$number<br>";
  //执行完本句即函数结束时，$number 的值被 PHP 抛弃，该变量所占内存资源被收回
}
$number=10;//全局变量 number
update_number();
echo "全局\$number=$number<hr>";     //这个$number 是全局变量

#2 全局变量间接访问局部变量的方法：局部变量声明为静态变量
echo"2 全局变量访问局部变量的方法：局部变量声明为静态变量<br>";
#使用静态变量的方法，强制保留局部变量上次调用结果时的值，使全局可间接访问到
function update_number2(){
    static $number2=0;            //这个$number2 是局部的变量，声明为静态，并赋初始值 0
    $number2++;
    echo "局部静态变量\$number2 这时的值=$number2<br>";
}
$number2=10;                      //这个$number2 是全局的变量
update_number2();
update_number2();
echo "全局变量\$number2 这时的值=$number2<hr>";

#3 局部变量(函数内部)访问全局变量方法 1：用 global 关键字
echo"3 局部变量（函数内部）访问全局变量方法 1：用 global 关键字声明<br>";
#在函数内访问全局变量--方法 1：使用 global 关键字声明
function update_number3(){
    global $number3;             //告诉 PHP，$number3 是全局中那个$number3
    $number3++;
    echo"局部\$number3=$number3<br>";
}
$number3=10;
update_number3();
echo "全局\$number3=$number3<hr>";

#4 局部变量(函数内部)访问全局变量方法 2：引用全局变量数组$GLOBALS
echo"4 局部变量（函数内部）访问全局变量方法 2：引用全局变量数组\$GLOBALS<br>";
#在函数内访问全局变量--方法 2：引用全局变量数组$GLOBALS 中键名为 number4 的那个元素
function update_number4(){
    $GLOBALS['number4']++;       //也可以写成:$GLOBALS[number4]++;
}
$number4=10;
update_number4();
echo "全局\$number4=$number4<hr>";
?>
```

在浏览器页面中的显示结果
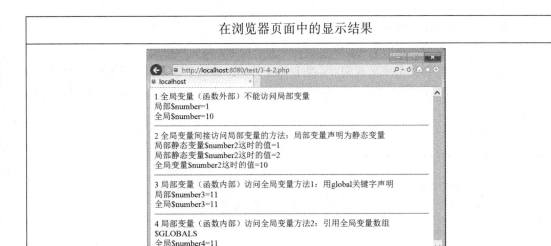

【3-5】表达式和操作符验证

基本知识：类型转换规则；字符串拼接规则。

【3-5-1】类型转换操作符，在变量前面加上（转换后的类型）例子。

3-5-1.php

``php
<?php
#1 临时性类型转换
echo "1 临时性类型转换，变量自身的值类型不变<hr>";
$mm="100";
$nn=(int)$mm;   //这时，$mm仍为字符串型
if(is_string($mm)) echo '$mm仍是字符串型<hr>';
#--
#2 真正类型转换，变量自身的值类型改变成转换后的类型，
 	
   echo "2 真正类型转换，变量自身的值类型改变成转换后的类型<hr>";
   $mm="100";
if(is_string($mm))
   echo "开始,\$mm 是字符串型，值为:$mm
";
   $mm=(int)$mm;
if(is_int($mm))
   echo "转换类型并自赋值后,\$mm 是整型，值为:$mm";
?>
``

在浏览器页面中的显示结果
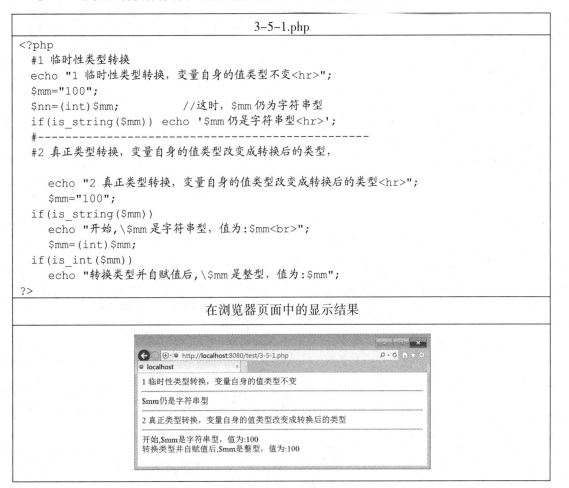

【3-5-2】隐式类型转换例子。

① 数字间进行字符串拼接的规则：数字首先变为字符串，然后再拼接。

② 字符串转换数字后的数字值规则：假定以数字开始，该数字即为转换后的数字值；若未找到数字，则转换后的数字值为 0；若开头的数字包含一个句点或大写或小写的 E，则转换后的数字值类型为浮点型。

3-5-2.php

```php
<?php
#1 数字间进行字符串连接的类型转换：数字都变为字符串，再连接
echo "1 数字间进行字符串连接的类型转换：数字都变为字符串，再连接
<hr>";
$a=3;
$b=2.74;
$c=$a.$b;
echo "\$a=$a<br>";
echo "\$b=$b<br>";
echo "\$c=$c<hr>";
#-------------------------------------------------
#2 #字符串转成数字后的数字值规则
echo "2 字符串转成数字后的数字值规则<hr>";
$a="9 Lives"-1;//8(int)
$b="3.14 Pies"*2;//6.28(float)
$c="9 lives."-1;//8(float)
$d="1E3 Points of Light"+1;//1101
echo "\$a=$a<br>";
echo "\$b=$b<br>";
echo "\$c=$c<br>";
echo "\$d=$d<hr>";


#-------------------------------------------------
#3 字符串与数字连接
echo "3 数字在与字符串连接时，先自动变成字符串<hr>";
#数字在与字符串连接时，先自动变成字符串
$n=5;
$s="There are ".$n." ducks";
echo "\$s=$s<br>";
# or
$n=5;
$s="There are $n ducks";
echo "\$s=$s";
?>
```

在浏览器页面中的显示结果

实 训 项 目

【实训 3-1】对整型、浮点型、字符串、布尔型、对象型进行验证。

【实训 3-2】定义数组，赋值并显示。

【实训 3-3】定义常量并显示。

【实训 3-4】定义变量、局部变量、全局变量并显示。

【实训 3-5】举例字符串连接并输出显示。

【实训 3-6】将字符串类型转换成浮点型。

思考与练习

1. 局部变量和全局变量的区别是什么？

2. 数组定义方式有几种？试分别列出。

3. 字符串连接时，浮点数据如何处理？

4. 强制类型转换应用在什么场景下？

5. 浮点型能否转换成整型，为什么？试举例说明。

实验 4 \ PHP 程序设计

实验目的:

① 掌握 PHP 程序设计思想。

② 掌握程序设计分支、顺序、循环结构。

实验内容:

① PHP 程序设计。

② 程序设计顺序结构。

③ 程序设计分支结构。

④ 程序设计循环结构。

⑤ PHP 在 HTML 页面嵌套。

【4-1】PHP 程序顺序结构例子

建立一个 PHP 程序,依次输出 3 句话"你好! 欢迎光临! 再见!"。

4-1.php
| ```php
<?php
 #1 顺序结构例子
 echo "4-1 php 顺序结构程序例子<hr>";
 echo "你好! <br>";
 echo "欢迎光临! <br>";
 echo "再见! <hr>";
?>
``` |
| 在浏览器页面中的显示结果 |
| 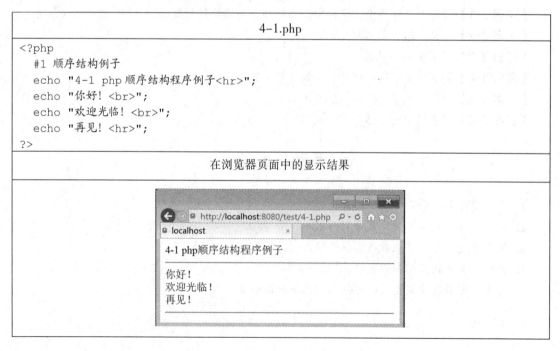 |

【4-2】PHP if 语句分支结构例子

【4-2-1】if 语句使用例子。
```

4-2-1.php

```php
<?php
  #if 语句的使用
  echo "1 if语句使用<hr>";
  $flag=true;
  if($flag){                    //逻辑判断结果是否为真，若满足则进行下一步操作
    echo "欢迎学习php if结构<hr>";
    $greed=1;
  }
  else {                        //逻辑判断不为真的操作
    echo "欢迎下次再来!<hr>";
    exit;
  }
  echo "2 if-else-endif 结构<hr>";

  $flag="";
  if($flag):                    //注意冒号
    echo "欢迎学习 if-else-endif 结构<br>";
    $greed=1;
  else:                         //注意冒号
    echo "欢迎下次再来!<br>";
    exit;
  endif;                        //句尾是分号，不是冒号
?>
```

在浏览器页面中的显示结果

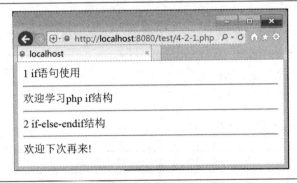

【4-2-2】if...else 语句的嵌套。

4-2-2.php

```php
<?php
  # if...else 结构进行嵌套
  echo "使用 if...else 结构进行嵌套<hr>";
  $fenshu=96;
  echo "你的分数是:$fenshu,属于:";
```

```
  if($fenshu>90)
    print("优秀");
  else
    if($fenshu>80&&$fenshu<=90)
      print("良好");
    else
      if($fenshu>70&&$fenshu<=80)
        print("中等");
      else
        if($fenshu>60&&$fenshu<=70)
          print("刚及格");
        else
          if($fenshu<60)
            print("差");
?>
```

在浏览器页面中的显示结果

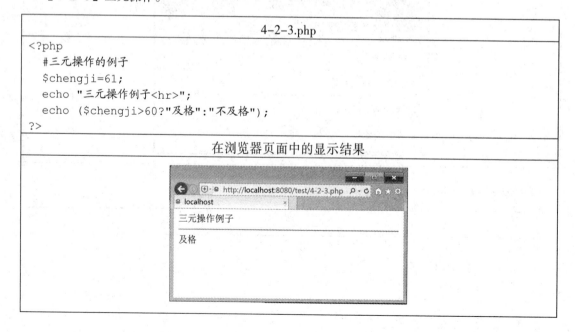

【4-2-3】三元操作。

4-2-3.php

```
<?php
  #三元操作的例子
  $chengji=61;
  echo "三元操作例子<hr>";
  echo ($chengji>60?"及格":"不及格");
?>
```

在浏览器页面中的显示结果

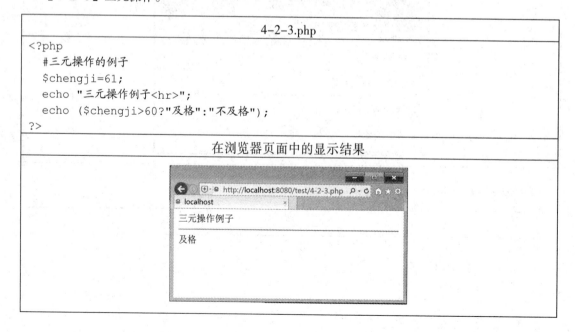

【4-3】switch 语句分支结构例子

使用 switch…endswitch 结构。

<table>
<tr><td colspan="2" align="center">4-3.php</td></tr>
<tr><td colspan="2">

```php
<?php
  #switch-endswith 结构的用法
  $fenshu=61;
  $f=(int)($fenshu/10);
  echo "你的分数是:$fenshu,属于:";
  switch($f):
    case 9:    print("优秀");break;
    case 8:    print("良好");break;
    case 7:    print("中等");break;
    case 6:    print("刚及格");break;
    default:   print("差");break;
  endswitch;
?>
```

</td></tr>
<tr><td colspan="2" align="center">在浏览器页面中的显示结果</td></tr>
<tr><td colspan="2" align="center">

http://localhost:8080/test/4-3.php

localhost

你的分数是:61,属于:刚及格

</td></tr>
</table>

【4-4】循环结构语句 while 例子

使用 while（条件）{ } 结构和 while…endwhile 结构。

<table>
<tr><td align="center">4-4.php</td></tr>
<tr><td>

```php
<?php
  #1 while 循环
  #从 1 加到 10
  echo "1 使用 while{}结构:1 加到 10<hr>";
  $sum=0;
  $i=1;
  while($i<=10){
      $sum+=$i;
      $i++;
  }
  echo "使用 while{}结构,计算从 1 加到 10 结果是:$sum<hr>";
  #2 while...endwhile 循环
  #从 100 加到 200
  echo "2 使用 while-endwhile 循环结构<hr>";
  #从 100 加到 200; 使用 while...endwhile 结构
  $sum=0;
  $i=100;
  while($i<=200):
```

</td></tr>
</table>

```
    $sum+=$i;
    $i++;
  endwhile;
  echo "使用 while...endwhile 结构,计算从 100 加到 200 结果是:$sum";
?>
```

在浏览器页面中的显示结果

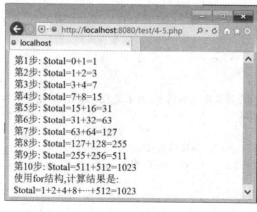

【4-5】循环结构语句 for 例子

4-5.php

```php
<?php
  #用 for 循环计算 2 的 0 次到 9 次幂的和
  $total=0;
  $total0=0;
  for($i=1,$j=1;$i<=10;$i++,$j*=2){
      echo '第'.$i.'步: $total='.$total.'+'.$j;
      $total+=$j;
      echo "=$total<br>";
  }
  echo "使用 for 结构,计算结果是:<br> \$total=1+2+4+8+…+512=$total";
?>
```

在浏览器页面中的显示结果

【4-6】在 Web 页面中嵌入 PHP

可用两种方式将 PHP 嵌入 Web 页面。

4-6.php

```php
<?php
  #PHP 代码以 xml 形式嵌入 HTML
  echo "1 PHP 代码以 xml 形式嵌入 HTML<hr>";
?>
<html>
<head><title>this is my first PHP program</title></head>
<body>
  Look,it is my first PHP program.<br>
  <? php echo "Hello,world";?><br>
  How cool is that?<br>
  <hr>
  <? php echo"2 PHP 代码可放在 HTML 标签内部<hr>";
      $myname="CAFUC";
      $myoperation="确定";
  ?>
  <input type="text" name="myname" value="<?php echo $myname;?>">
  <input type="button" name="mybutton" value="<?php echo $myoperation;?>">
  </body>
</html>
```

在浏览器页面中的显示结果

实 训 项 目

【实训 4-1】编程实现 if…else…endif 嵌套操作。

【实训 4-2】编程实现 switch 语句操作。

【实训 4-3】编程实现 while 语句操作。

【实训 4-4】编程实现 for 语句操作。

【实训 4-5】编程实现 PHP 在网页中的嵌入，并设置"发送"按钮。

思考与练习

1. if 分支有多少种结构？
2. switch 语句作用在什么地方？
3. 简述 while 循环和 while...endwhile 的退出条件。
4. For 循环方式是什么？用于何种场合？
5. 如何将 PHP 语句嵌入到 HTML 文件中？

实验 5　数据库与数据表基本操作

实验目的：

① 掌握在 MySQL 中创建数据库。

② 掌握 MySQL 中数据库的选择、修改、删除、查看等相关操作。

③ 掌握在数据库中创建表。

④ 掌握对数据表的更新、重命名、复制、删除、查看等相关操作。

实验内容：

① 在 MySQL 控制台窗口建立数据库 student。

② 在 phpMyAdmin 中建立数据库 student。

③ 在 MySQL 控制台窗口对数据库 student 进行选择、修改、删除、查看操作。

④ 在 phpMyAdmin 中对数据库 student 进行选择、修改、删除、查看操作。

⑤ 在 MySQL 控制台窗口对数据库 student 建立数据表。

⑥ 在 phpMyAdmin 中对数据库 student 建立数据表。

⑦ 在 MySQL 控制台窗口对数据表进行更新、重命名、复制、删除、查看操作。

⑧ 在 phpMyAdmin 中对数据表进行更新、重命名、复制、删除、查看操作。

【5-1】新建数据库 student

可以通过 MySQL 控制台窗口和 phpMyAdmin 新建数据库。

方法一：通过 MySQL 控制台窗口建立数据库 student，如图 5-1 所示。

使用命令：`create database <数据库名>;`

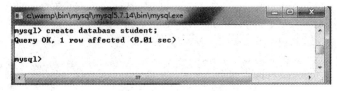

图 5-1　通过 MySQL 控制台窗口创建数据库

方法二：在 phpMyAdmin 中建立数据库 student。

操作步骤：

① 进入 phpMyAdmin 工作界面，如图 5-2 所示。

② 单击"数据库"，在出现的"新建数据库"文本框中输入 student，单击"创建"按钮，如图 5-3 所示。

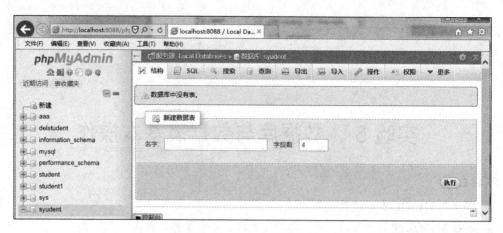

图 5-2　phpMyAdmin 界面

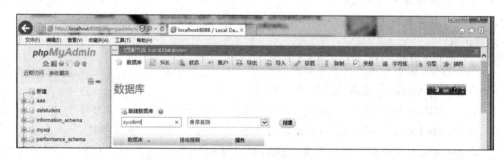

图 5-3　新建数据库

左边树形目录列表中出现了数据库 student，同时，由于是新建的数据库，所以数据库中没有数据表，如图 5-4 所示。这样就完成了数据库 student 的创建。

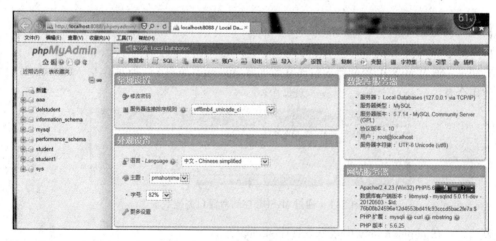

图 5-4　数据库创建完成

【5-2】数据库的选择、修改、查看、删除操作

方法一：在 MySQL 控制台窗口进行操作。

① 数据库的选择命令：use 数据库名字

② 数据库属性修改：alter　数据库名字

【5-2-1】利用 use 命令选择 student 数据库，利用 alter 命令设置默认字符集为 gb2312，默认校对规则为 gb2312-chinese-ci，如图 5-5 所示。

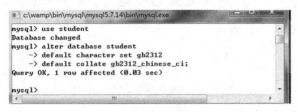

图 5-5　设置默认字符集和默认校对规则

③ 查看数据库命令：show databases

【5-2-2】利用 show databases 命令查看当前目录下的数据库，如图 5-6 所示。

图 5-6　查看当前目录下的数据库

④ 删除数据库命令：drop　数据库名字

【5-2-3】利用 drop 命令删除数据库 aaa，如图 5-7 所示。

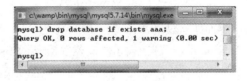

图 5-7　删除数据库

注意：如果被删除的数据库不存在，系统会报错。

方法二：在 phpMydAmin 界面下对数据库进行选择、修改、删除、查看操作。

进入 phpMyAdmin 环境，单击"数据库"选项卡，选择一个数据库进行选择、修改、删除、查看操作，如图 5-8 所示。

【5-3】新建数据表

方法一：（MySQL 控制台窗口命令行方式）在数据库 student 中新建数据表 sstu。

操作步骤：

① 在 MySQL 控制台窗口用 use 命令打开数据库 student。

② 在 MySQL 控制台窗口用 create 命令建立数据表 stud1，如图 5-9 所示。

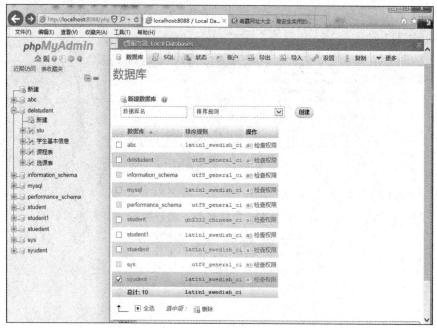

图 5-8　在 phpMyAdmin 界面下对数据库进行选择、修改、删除、查看操作

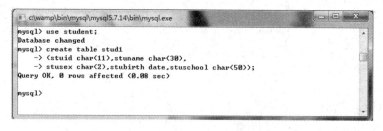

图 5-9　建立数据表 stud1

方法二：在 phpMyAdmin 界面建立数据表 sstu。

① 进入 phpMyAdmin，打开 student 数据库，在"新建数据表"中输入表名 sstu，单击"执行"按钮，如图 5-10 所示。

图 5-10　在 phpMyAdmin 界面建立数据表

② 在出现的创建表结构界面依次输入表字段名、类型、长度值等，单击"保存"按钮，如图 5-11 所示。

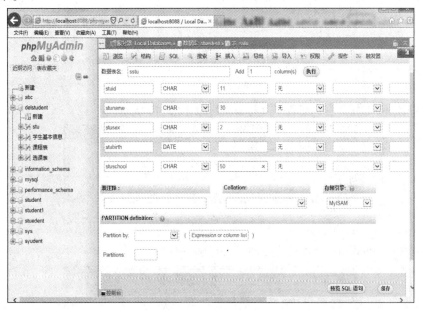

图 5-11　创建表结构

【5-4】数据表的更新、重命名、复制、删除、查看操作

方法一：（MySQL 控制台窗口命令行方式）对数据表进行更新、重命名、复制、删除、查看操作。

① 更新 stud1 数据表，在 stushool 字段后插入一个新字段 stu_from，如图 5-12 所示。

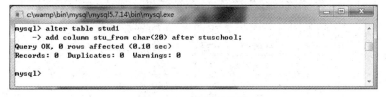

图 5-12　插入新字段

② 更新 stud1 数据表，把 stu_from 字段名改为 stu_city，数据类型改为 char(30)，如图 5-13 所示。

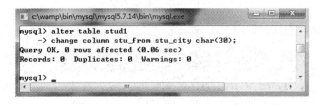

图 5-13　修改字段名和数据类型

③ 更新 stud1 数据表，把 stuid 字段的数据类型改为 char(19)，并将此列设置为该表第一列，如图 5-14 所示。

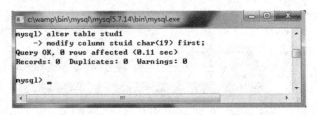

图 5-14　更新数据表的字段

④ 重命名 stud1 数据表，把名字改为 stud2，如图 5-15 所示。

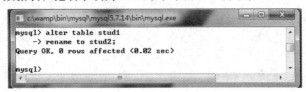

图 5-15　重命名数据表

⑤ 为数据表 stud2 创建一个备份表 stud2_copy，如图 5-16 所示。

图 5-16　创建备份表

⑥ 查看数据表 stud2 的结构，如图 5-17 所示。

```
mysql> show columns from stud2;
+-----------+----------+------+-----+---------+-------+
| Field     | Type     | Null | Key | Default | Extra |
+-----------+----------+------+-----+---------+-------+
| stuid     | char(19) | YES  |     | NULL    |       |
| stuname   | char(30) | YES  |     | NULL    |       |
| stusex    | char(2)  | YES  |     | NULL    |       |
| stubirth  | date     | YES  |     | NULL    |       |
| stuschool | char(50) | YES  |     | NULL    |       |
| stu_city  | char(30) | YES  |     | NULL    |       |
+-----------+----------+------+-----+---------+-------+
6 rows in set (0.00 sec)

mysql>
```

图 5-17　查看数据表结构

⑦ 将表 stud2_copy 删除，如图 5-18 所示。

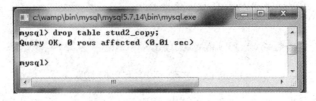

图 5-18　删除数据表

方法二：（在 phpMyAdmin 中）对数据表进行更新、重命名、复制、删除、查看操作。

进入 phpMyAdmin 界面，打开数据库 student，打开数据表 sstud，在顶部选项卡中选择相关操作，单击"执行"按钮，如图 5-19 所示。

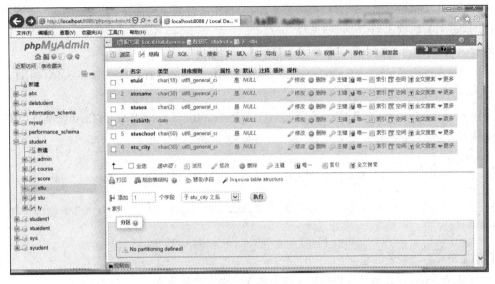

图 5-19　在 phpMyAdmin 中对数据表进行更新、重命名、复制、删除、查看操作

实 训 项 目

要求：

① 通过 MySQL 控制台窗口命令行建立一个数据库。

② 通过 MySQL 控制台窗口命令行对数据库进行选择、修改、删除、查看操作。

③ 以 MySQL 控制台窗口命令行方式在数据库中建立数据表。

④ 在 MySQL 控制台窗口命令行对数据表进行更新、重命名、复制、删除、查看操作。

⑤ 在 phpMyAdmin 中建立数据库。

⑥ 在 phpMyAdmin 中对数据库进行选择、修改、删除、查看操作。

⑦ 在 phpMyAdmin 中为数据库建立数据表。

⑧ 在 phpMyAdmin 中对数据表进行更新、重命名、复制、删除、查看操作。

【实训 5-1】数据库的建立及相关操作。

在 MySQL 控制台窗口中创建 jxgl 数据库并进行查看、删除操作。

步骤一：创建 jxgl 数据库。

命令参考：MySQL>create database jxgl;

步骤二：查看本机服务器上数据库。

命令参考：MySQL>show databases;

或 MySQL>show databases like 'my%';

步骤三：进入 jxgl 数据库。

命令参考：MySQL> USE jxgl;

步骤四：删除数据库 jxgl。

命令参考：`MySQL>drop jxgl;`

【实训 5-2】数据库的建立及相关操作。

进入 phpMyAdmin 界面，建立一个数据库 abc，并完成数据库的选择、修改、删除、查看操作。

【实训 5-3】数据表的建立。

在 MySQL 控制台窗口中使用命令创建以下 3 个数据表：

学生表（Student）(Sno CHAR(7) Sname VARCHAR(16) Ssex CHAR(2)　Sage SMALLINT Sdept CHAR(2))；

课程表（course）(Cno CHAR(2)　Cname VARCHAR(20)　Cpno CHAR(2) Credit SMALLINT)

选修表（sc）(Sno char(7)　Cno char(2)　grade smallin)

参考命令：

```
create Table Student(Sno CHAR(7), Sname VARCHAR(16), Ssex CHAR(2), Sage
SMALLINT, Sdept CHAR(2));
create Table course(Cno CHAR(2), Cname VARCHAR(20), Cpno CHAR(2), Credit
SMALLINT);
create table sc(sno char(7), Cno char(2), grade smallin);
```

【实训 5-4】数据表的建立。

进入 phpMyAdmin 界面，在数据库 abc 中建立以上 3 个数据表。

【实训 5-5】数据表的相关操作。

① 在表 student 中增加属性生日（birthday）。

参考命令：`ALTER TABLE student ADD birthday datetime;`

② 删除上例中增加的属性生日（birthday）。

参考命令：`ALTER TABLE student DROP birthday;`

③ 在表 student 中属性 sname 上建立索引(sn)。

参考命令：`alter table student add unique sn(sname);`

④ 删除表 sc。

参考命令：`DROP TABLE sc;`

【实训 5-6】数据表的相关操作。

进入 phpMyAdmin 界面，对数据表完成更新、重命名、复制、删除、查看操作。

思考与练习

1. 在 MySQL 中怎样建立一个数据库和数据表？

2. 在 phpMyAdmin 中如何建立一个数据库和数据表？

3. 如何修改一个数据表的结构？

实验 6 \ 表数据操作及数据完整性

实验目的:

① 掌握 MySQL 数据库表数据的插入。

② 掌握 MySQL 数据库表数据的删除。

③ 掌握 MySQL 数据库表数据的修改。

④ 掌握数据完整性约束的定义、设置主键和字段默认值。

实验内容:

① 通过 MySQL 客户端命令行对数据表 stud2 插入表数据。

② 在 phpMyAdmin 中对数据表 stud2 插入表数据。

③ 通过 MySQL 客户端命令行对数据表 stud2 删除表数据。

④ 在 phpMyAdmin 中对数据表 stud2 删除表数据。

⑤ 通过 MySQL 客户端命令行对数据表 stud2 修改表数据。

⑥ 在 phpMyAdmin 中对数据表 stud2 修改表数据。

⑦ 通过 MySQL 客户端命令行对数据表 sstu 设置主键、字段默认值和完整性约束。

⑧ 在 phpMyAdmin 中对数据表 sstu 设置主键、字段默认值和完整性约束。

【6-1】向数据表插入表数据

方法一:(MySQL 客户端命令行方式)对数据表 stud2 插入表数据,如图 6-1 所示。

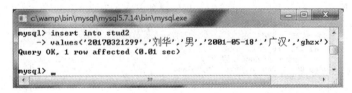

图 6-1　插入表数据

方法二:(在 phpMyAdmin 中)对数据表 stud2 插入表数据。

打开 stud2 表,单击"插入"选项卡,输入记录信息,单击"执行"按钮,如图 6-2 所示。

插入表数据后,单击"浏览"选项卡查看数据记录,如图 6-3 所示。

【6-2】删除表数据

方法一:在 MySQL 客户端命令行对数据表 stud2 删除名字为"刘华"的学生,如图 6-4 所示。

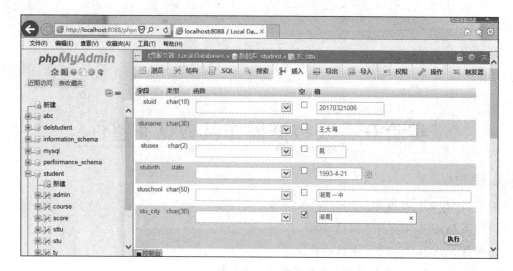

图 6-2 在 phpmyadmin 中插入表数据

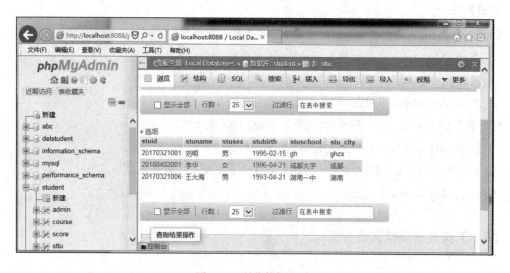

图 6-3 浏览数据记录

图 6-4 删除名字为"刘华"的学生

方法二：在 phpMyAdmin 中对数据表 stud2 删除名字为"王大海"的学生，结果如图 6-5 所示。

【6-3】修改表数据

方法一：（MySQL 客户端命令行方式）对数据表 stud2 修改"李明"学生的学号为 20170321008，如图 6-6。

方法二：在 phpMyAdmin 中对数据表 stud2 修改"李华"学生的学校为"四川大学"。浏览打开的 stud2 表，单击"编辑"按钮，如图 6-7 所示。

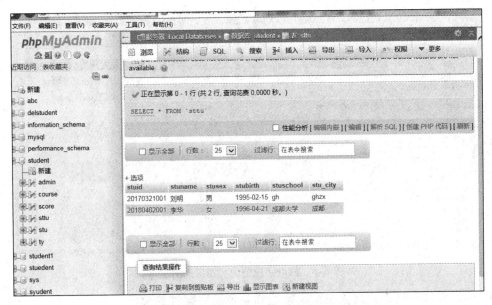

图 6-5 在 phpMyAdmin 中删除表记录

图 6-6 修改表数据

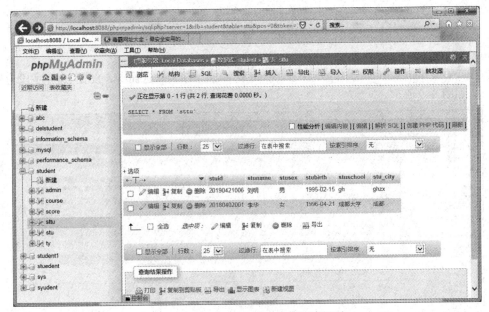

图 6-7 在 phpMyAdmin 中修改表记录

在打开的数据编辑状态下修改 stuschool 字段值为"四川大学",单击"执行"按钮,如图 6-8 所示。

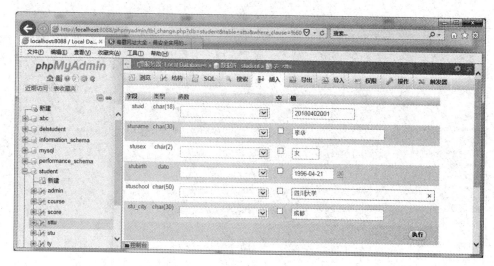

图 6-8　修改字段值为"四川大学"

【6-4】新建数据表并设置主键、字段默认值及完整性约束

方法一：（MySQL 客户端命令行方式）在 student 数据库中新建教师信息表(teacher_info)，包含的字段有：教师号（tea_id）、姓名(name)、性别（sex）、入职时间（join_time）、民族（nationality）。

其中，教师号为主键，具有非空和唯一的属性，性别只有男或女两种选择，所以使用 check 约束，民族默认为汉族。

使用命令：

```
create table teacher_info
(  tea_id int primary key,
   name varchar(8),
   sex varchar(4) check(sex='男'or'女'),
   join_time date,
nationality varchar(8) default '汉族')
```

方法二：在 phpMyAdmin 中打开数据表 stud2，单击"结构"选面卡，设置 stuid 字段为主键并非空，如图 6-9 所示。

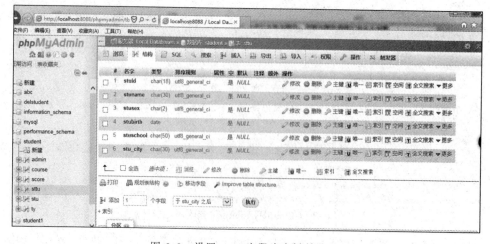

图 6-9　设置 stuid 字段为主键并非空

实 训 项 目

【实训 6-1】 表数据操作

在 MySQL 数据库中建立以下数据表 t1，并完成表数据的相关操作：

```
mysql> alter table t1 rename t2;
```
把表 t1 的名字改为 t2
```
mysql> drop table t1;
```
删除表 t1
```
mysql> alter table t1 add name char(10);
```
在表 t1 中追加一个字段 name 类型为 char 长度 10
```
mysql> alter table t1 modify name char(11);
```
把表 t1 中 name 的字符段类型改为 char(11)
```
mysql> alter table t1 change name math int(10);
```
把表 t1 中字段 name 改名为 math 且字符类型改为整形长度 10
```
mysql> alter table t1 drop math;
```
把表 t1 中的 math 字段删掉
```
mysql> insert into t1(id) values(10);
```
添加一个 id 为 10 的记录
```
mysql> insert into t1 set id=5;
```
添加 id 为 5 的记录
```
mysql> update t1 set id=6;
```
更新 t1 中 id 为 6 的记录
```
mysql> delete from t1;
```
删除表 t1 中的记录
```
mysql> delete from t1 where id=5;
```
删除 t1 中 id 为 5 的记录
```
mysql> select * from t1;
```
查询表 t1 中的记录
```
mysql> desc t1;
```
查看表 t1 中的字段格式
```
mysql> select id from t1 where id=7;
```
查询表 t1 中 id 为 7 的记录
```
mysql> select user();
```
查询当前登录账号
```
mysql> select 5+5;
```
输出 5+5 的结果
```
mysql> select math+wuli from t1;
```
输出表 t1 中 math 字段与 wuli 字段的值之和
```
mysql> select * from t1 where id=5 or id=6;
```
输出表 t1 中 id 为 5 和 6 的记录
```
mysql> select * from t1 where id=5 and name="xiali";
```
输出表
```
mysql> select * from t1 group by math;
mysql> select * from t1 order by math;
mysql> select * from t1 order by math desc;
mysql> select * from t1 where name like '%a';
mysql> select * from t1 where name like '___';
mysql> select * from t1 where name regexp '.*';
```

```
mysql> select 5<2;
mysql> select not 5=3;
mysql> show warnings;              --显示当前警告
mysql> alter table t2 modify id tinyint(5) zerofill;
```

【实训 6-2】数据表的完整性约束。

要求：使用 SQL 语句创建以下数据表：

① 学生表（student），要求学号为主键，性别默认为男，取值必须为男或女，年龄取值在 15~45 之间。

参考答案：

```
Create Table Student
(  Sno CHAR(7) NOT NULL,
   Sname VARCHAR(16),
   Ssex CHAR(2) DEFAULT '男' CHECK (Ssex='男' OR Ssex='女'),
   Sage SMALLINT CHECK(Sage>=15 AND Sage<=45),
   Sdept CHAR(2),
   PRIMARY KEY(Sno)
) ENGINE = InnoDB
```

② 课程表（course），要求主键为课程编号，外键为选修课号，参照课程表的主键（cno）。

参考答案：

```
Create Table COURSE
( Cno CHAR(2) NOT NULL ,
  Cname VARCHAR(20),
  Cpno CHAR(2),
  Credit SMALLINT,
  PRIMARY KEY(Cno),
  foreign key(cpno) references course(cno)
) ENGINE = InnoDB;
```

③ 选修表（sc）要求主键为（学号，课程编号），学号为外键，参照学生表中的学号，课程编号为外键，参照课程表中的课程编号；成绩不为空时必须在 0~100 之间。

参考答案：

```
Create table sc
(  sno char(7) not null,
   cno char(2) not null,
   grade smallint null check(grade is null or (grade between 0 and 100)),
   Primary key(sno,cno),
   Foreign key(sno) references student(sno),
   Foreign key(cno) references course(cno)
) ENGINE = InnoDB;
```

【实训 6-3】数据表的相关操作。

① 在表 student 中增加属性生日（birthday）。

```
alter table student add birthday datetime;
```

② 删除上例中增加的属性生日（birthday）。

```
alter table student drop birthday;
```

③ 在表 student 中属性 sname 上建立唯一索引（sn）。

```
alter table student add unique sn(sname);
```

④ 删除表 sc。

```
DROP TABLE sc;
```

⑤ 在数据库 jxgl 中创建视图 v，查询学生姓名、课程名及其所学课程的成绩。

```
mysql>use jxgl      --先选择 jxgl 数据库为当前数据库
Database changed
mysql> create view v(sname,cname, grade) as select sname,cname,grade from
student,course,sc
-> where student.sno=sc.sno and sc.cno=ccourse.cno;
```

⑥ 显示数据库 jxgl 中视图 v 创建的信息。

```
mysql>  how create view v;
```

思考与练习

1. 什么是实体完整性？
2. 如何设置数据表的主键、字段默认值及约束完整性？

实验 7　数据库查询（一）

实验目的：

① 掌握 MySQL select 简单查询的使用方法。

② 掌握 MySQL select 条件查询的使用方法。

③ 掌握 MySQL select 统计查询的使用方法。

④ 掌握 MySQL select 查询结果排序的方法。

⑤ 掌握 MySQL 查询结果的限制方法。

实验内容：

① MySQL 简单投影查询。

② MySQL 中 where 子句、order by 子句、limit 子句的使用。

③ MySQL 中 count()、sum()、avg()、max()、min()等函数的使用。

【7-1】使用 select 语句实现表达式 3+5-2 的运算

方法一：在 MySQL 命令行客户端输入并执行如下 SQL 语句。

```
select 3+5-2;
```

命令下方会立即输出计算结果 6，如图 7-1 所示。

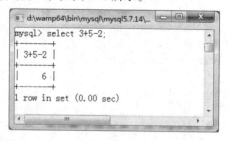

图 7-1　命令行运算结果

方法二：使用 phpMyAdmin 图形界面工具完成计算。在 SQL 选项卡下输入 select 命令，单击"执行"按钮完成计算，如图 7-2 所示。计算结果如图 7-3 所示。

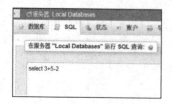

图 7-2　在图形界面中输入命令

图 7-3　表达式运算结果

【7-2】从数据库 student 中的数据表 stu 中查询学生的 stuid、stuname、stuschool 信息

方法一：使用 MySQL 命令行客户端完成查询。

① 选中 student 数据库。

② 输入并执行如下 SQL 语句查询数据。

```
select stuid,stuname,stuschool from stu;
```

查询结果如图 7-4 所示。

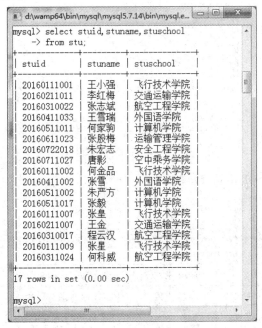

图 7-4　【7-2】命令行查询结果

方法二：使用 phpMyAdmin 图形界面工具完成查询。

① 在 phpMyAdmin 左侧目录树中选中 student 数据库。

② 在 SQL 选项卡下输入相关 select 命令（见图 7-5），单击"执行"按钮完成查询，结果如图 7-6 所示。

图 7-5　【7-2】图形界面查询命令

【7-3】从数据库 student 的数据表 stu 中查询所有学生的全部信息

方法一：使用 MySQL 命令行客户端完成查询。

① 选中 student 数据库。

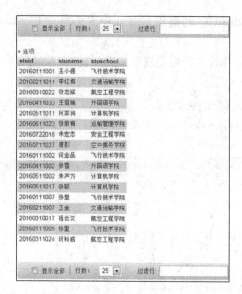

图 7-6 【7-2】图形界面查询结果

② 输入并执行如下 SQL 语句查询数据。

```
select * from stu;
```

查询结果如图 7-7 所示。

```
d:\wamp64\bin\mysql\mysql5.7.14\bin\mysql.exe

mysql> select * from stu;
+------------+----------+--------+------------+--------------+
| stuID      | stuName  | stuSex | stuBirth   | stuSchool    |
+------------+----------+--------+------------+--------------+
| 20160111001| 王小强   | 男     | 1997-08-17 | 飞行技术学院 |
| 20160211011| 李红梅   | 女     | 1997-07-19 | 交通运输学院 |
| 20160310022| 张志斌   | 男     | 1998-07-10 | 航空工程学院 |
| 20160411033| 王雪瑞   | 女     | 1997-05-17 | 外国语学院   |
| 20160511011| 何家驹   | 男     | 1997-09-14 | 计算机学院   |
| 20160611023| 张股梅   | 女     | 1998-03-14 | 运输管理学院 |
| 20160722018| 朱宏志   | 男     | 1998-06-13 | 安全工程学院 |
| 20160711027| 唐影     | 女     | 1997-10-05 | 空中乘务学院 |
| 20160111002| 何金品   | 男     | 1998-06-12 | 飞行技术学院 |
| 20160411002| 张雪     | 女     | 1998-04-12 | 外国语学院   |
| 20160511002| 朱严方   | 男     | 1997-04-24 | 计算机学院   |
| 20160511017| 张毅     | 男     | 1998-02-12 | 计算机学院   |
| 20160111007| 张皇     | 男     | 1998-07-09 | 飞行技术学院 |
| 20160211007| 王金     | 男     | 1998-06-25 | 交通运输学院 |
| 20160310017| 程云汉   | 男     | 1997-04-23 | 航空工程学院 |
| 20160111009| 张星     | 女     | 1998-07-09 | 飞行技术学院 |
| 20160311024| 何科威   | 男     | 1997-04-24 | 航空工程学院 |
+------------+----------+--------+------------+--------------+
17 rows in set (0.00 sec)

mysql>
```

图 7-7 【7-3】命令行查询结果

方法二：使用 phpMyAdmin 图形界面工具完成查询。

① 选中 student 数据库。

② 在 SQL 选项卡下输入相关 select 命令，单击"执行"按钮完成查询，如图 7-8 所示。查询结果如图 7-9 所示。

图 7-8 【7-3】图形界面查询命令   图 7-9 【7-3】图形界面查询结果

【7-4】 从数据库 student 的数据表 stu 中查询所有同学所在的学院，结果列名为
school（备注：使用 distinct 参数去掉结果重复项，使用 as 参数命名结果列为 school）

方法一：使用 MySQL 命令行客户端完成查询。

① 选中 student 数据库。

② 输入并执行如下 SQL 语句查询数据。

`select distinct stuschool as school from stu;`

查询结果如图 7-10 所示。

图 7-10 【7-4】命令行查询结果

方法二：使用 phpMyAdmin 图形界面工具完成查询。

① 选中 student 数据库。

② 在 SQL 选项卡下输入相关 select 命令，单击"执行"按钮完成查询，如图 7-11 所示。查

询结果如图 7-12 所示。

图 7-11 【7-4】图形界面查询命令

图 7-12 【7-4】图形界面查询结果

【7-5】从数据库 student 的数据表 stu 中查询计算机学院所有男同学的信息，结果包括 stuid、stuname、stuSex 和 stuschool 四列信息

方法一：使用 MySQL 命令行客户端完成查询。

① 选中 student 数据库。

② 输入并执行如下 SQL 语句查询数据。

```
select stuid,stuname,stuSex,stuschool from stu
where stusex='男' and stuschool='计算机学院';
```

查询结果如图 7-13 所示。

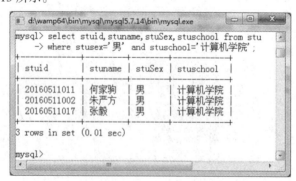

图 7-13 【7-5】命令行查询结果

方法二：使用 phpMyAdmin 图形界面工具完成查询。

① 选中 student 数据库。

② 在 SQL 选项卡下输入相关 select 命令，单击"执行"按钮完成查询，如图 7-14 所示，查询结果如图 7-15 所示。

图 7-14　【7-5】图形界面查询命令

图 7-15　【7-5】图形界面查询结果

【7-6】从数据库 student 的数据表 score 中查询成绩在 80~90 之间的记录信息，查询结果按 stuid 升序排列

方法一：使用 MySQL 命令行客户端完成查询。

① 选中 student 数据库。

② 输入并执行如下 SQL 语句查询数据。

```
select * from score where score between 80 and 90  order by stuid;
```

查询结果如图 7-16 所示。

图 7-16　【7-6】命令行查询结果

方法二：使用 phpMyAdmin 图形界面工具完成查询。

① 选中 student 数据库。

② 在 SQL 选项卡下输入相关 select 命令，单击"执行"按钮完成查询，如图 7-17 所示。查询结果如图 7-18 所示。

图 7-17　【7-6】图形界面查询命令

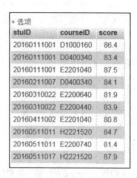

stuID	courseID	score
20160111001	D1000160	86.4
20160111001	D0400340	83.4
20160111001	E2201040	87.5
20160211007	D0400340	84.1
20160310022	E2200640	81.9
20160310022	E2200440	83.9
20160411002	E2201040	80.8
20160511011	H2221520	84.7
20160511011	E2200740	81.4
20160511017	H2221520	87.9

图 7-18　【7-6】图形界面查询结果

【7-7】从数据库 student 的数据表 stu 中统计出全校女同学的人数，结果列名为"女生人数"

方法一：使用 MySQL 命令行客户端完成查询。

① 选中 student 数据库。

② 输入并执行如下 SQL 语句查询数据。

```
select  count(stuid)  as 女生人数 from stu  where stusex='女';
```

查询结果如图 7-19 所示。

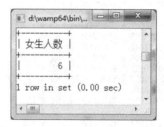

图 7-19　【7-7】命令行查询结果

方法二：使用 phpMyAdmin 图形界面工具完成查询。

① 选中 student 数据库。

② 在 SQL 选项卡下输入相关 select 命令，单击"执行"按钮完成查询，如图 7-20 所示。查询结果如图 7-21 所示。

图 7-20　【7-7】图形界面查询命令　　　　　　图 7-21　【7-7】图形界面查询结果

【7-8】从数据库 student 的数据表 stu 中，查询第 3~6 名同学的信息

方法一：使用 MySQL 命令行客户端完成查询。

① 选中 student 数据库。

② 输入并执行如下 SQL 语句查询数据。

```
select  *  from stu  limit  2,4;
```

查询结果如图 7-22 所示。

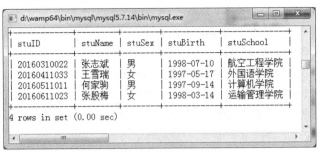

图 7-22 【7-8】命令行查询结果

方法二：使用 phpMyAdmin 图形界面工具完成查询。

① 选中 student 数据库。

② 在 SQL 选项卡下输入相关 select 命令，单击"执行"按钮完成查询，如图 7-23 所示。查询结果如图 7-24 所示。

图 7-23 【7-8】图形界面查询命令

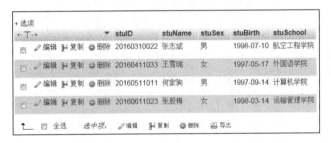

图 7-24 【7-8】图形界面查询结果

实 训 项 目

【实训 7-1】从数据库 student 的数据表 score 中查询分数最高的 3 位同学的记录信息，查询结果按 score 升序排列。

【实训 7-2】从数据库 student 的数据表 score 中查询"交通运输学院"或"计算机学院"同学的信息。

【实训 7-3】从数据库 student 的数据表 score 中查询所有姓"王"同学的信息。

【实训 7-4】从数据库 student 的数据表 score 中查询所有分数在 80 分以上同学的信息，查询结果先按学号升序排列，学号相同再按分数降序排列。

【实训 7-5】从数据库 student 的数据表 stu 中查询每个同学的年龄，查询结果包括学号、姓名、年龄 3 列，结果按照年龄升序排列。

思考与练习

1. 在 select 查询中如何使用 as 参数？
2. 在 select 查询中如何使用 limit 子句限制查询结果？
3. select 语句中 distinct 参数对查询结果有何影响？
4. 在 select 语句中如何查询数据表所有字段信息？
5. 在 select 语句中如何实现对查询结果的多重排序？

实验 8　数据库查询（二）

实验目的：

① 掌握 MySQL select 分组查询的使用方法。

② 掌握 MySQL select 相等连接查询的使用方法。

③ 掌握 MySQL select 联合查询的使用方法。

④ 掌握 MySQL select 嵌套查询的使用方法。

实验内容：

① MySQL 中 group by 子句、having 子句的使用。

② MySQL 中 inner join 的使用。

③ MySQL 中 union 语句的使用。

④ MySQL 中嵌套查询的使用。

【8-1】在数据库 student 的数据表 stu 中查询各学院学生的人数，查询结果包含"学院""学生人数"2 列，查询结果按照人数升序排列

方法一：使用 MySQL 命令行客户端完成查询。

① 选中 student 数据库。

② 输入并执行如下 SQL 语句查询数据。

```
select stuschool as 学院,count(stuID) AS 学生人数 from stu
group by  stuschool  order by 2;
```

查询结果如图 8-1 所示。

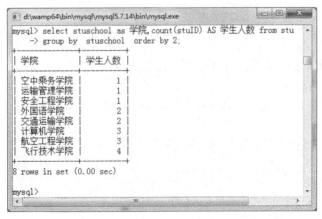

图 8-1　【8-1】命令行查询结果

方法二：使用 phpMyAdmin 图形界面工具完成查询。

① 选中 student 数据库。

② 在 SQL 选项卡下输入相关 select 命令，单击"执行"按钮完成查询，如图 8-2 所示。查询结果如图 8-3 所示。

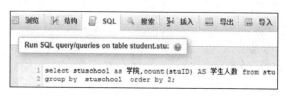

图 8-2 【8-1】图形界面查询命令

图 8-3 【8-1】图形界面查询结果

【8-2】在数据库 student 的数据表 score 中计算所有科目的平均分，将平均分高于 80 分的科目信息输出，结果包含"课程编号""平均分"两列，按平均分降序排列

方法一：使用 MySQL 命令行客户端完成查询。

① 选中 student 数据库。

② 输入并执行如下 SQL 语句查询数据。

```
select courseid as 课程编号,avg(score) as 平均分 from score
group by courseid  having 平均分>=80  order by 2 desc;
```

查询结果如图 8-4 所示。

图 8-4 【8-2】命令行查询结果

方法二：使用 phpMyAdmin 图形界面工具完成查询。

① 选中 student 数据库。

② 在 SQL 选项卡下输入相关 select 命令，单击"执行"按钮完成查询，如图 8-5 所示。查询结果如图 8-6 所示。

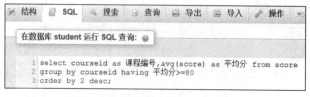

图 8-5 【8-2】图形界面查询命令

课程编号	平均分
E2201240	85.25
H2221520	83.16666666666667
D0400340	82.06666564941406
E2200740	81.4000015258789
D1000160	81.29999923706055

图 8-6　【8-2】图形界面查询结果

【8-3】在数据库 student 的数据表 stu 和 score 中查询学生的 stuid、stuname，以及所修课程的 courseid、score 信息（注：使用 inner join 参数完成数据表的连接）

方法一：使用 MySQL 命令行客户端完成查询。

① 选中 student 数据库。

② 输入并执行如下 SQL 语句查询数据。

```
select stu.stuid,stuname,courseid,score
from stu inner join score on stu.stuid=score.stuid
order by stu.stuid;
```

查询结果如图 8-7 所示。

图 8-7　【8-3】命令行查询结果

方法二：使用 phpMyAdmin 图形界面工具完成查询。

① 选中 student 数据库。

② 在 SQL 选项卡下输入相关 select 命令，单击"执行"按钮完成查询，如图 8-8 所示。查询结果如图 8-9 所示。

图 8-8 【8-3】图形界面查询命令

stuid	stuname	courseid	score
20160111001	王小强	G2225420	93.5
20160111001	王小强	D1000160	86.4
20160111001	王小强	E2201040	87.5
20160111001	王小强	D0400340	83.4
20160111002	何金品	D1000160	76.2
20160111007	张曌	E2201140	79.4
20160211007	王金	D0400340	84.1
20160211011	李红梅	H2221520	76.9
20160211011	李红梅	D0400340	78.7
20160310017	程云汉	E2200640	73.7
20160310022	张志斌	E2201040	73.9
20160310022	张志斌	E2200440	83.9
20160310022	张志斌	E2200640	81.9
20160311024	何科威	E2201240	75.9
20160411002	张雪	E2201040	80.8
20160411033	王雪瑞	E2200640	73.2
20160411033	王雪瑞	G2225420	78.5
20160511002	朱严方	G2225420	71.8
20160511011	何家驹	H2221520	84.7
20160511011	何家驹	G2225420	74.8
20160511011	何家驹	E2200740	81.4
20160511017	张豁	H2221520	87.9
20160611023	张服梅	E2201040	68.4
20160711027	廖影	E2201240	94.6
20160722018	朱宏志	E2201140	74.9

图 8-9 【8-3】图形界面查询结果

【8-4】在数据库 student 的数据表 stu 中查询"飞行技术学院"和"计算机学院"学生的所有信息，要求使用联合查询实现

方法一：使用 MySQL 命令行客户端完成查询。

① 选中 student 数据库。

② 输入并执行如下 SQL 语句查询数据。

```
select * from stu where stuschool="飞行技术学院"
union
select * from stu where stuschool="计算机学院";
```

查询结果如图 8-10 所示。

方法二：使用 phpMyAdmin 图形界面工具完成查询。

① 选中 student 数据库。

② 在 SQL 选项卡下输入相关 select 命令，单击"执行"按钮完成查询，如图 8-11 所示。查询结果如图 8-12 所示。

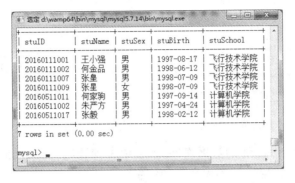

图 8-10　【8-4】查询结果

图 8-11　【8-4】图形界面查询命令

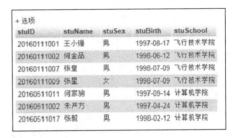

图 8-12　【8-4】图形界面查询结果

【8-5】在数据库 student 的数据表 stu 和 score 中查询成绩在 85 分以上（包含 85 分）的学生的 stuid、stuname、stuschool 信息

方法一：使用 MySQL 命令行客户端完成查询。

① 选中 student 数据库。

② 输入并执行如下 SQL 语句查询数据。

```
select stuid,stuname,stuschool from stu where stuid in
(select stuid from score where score >=85);
```

查询结果如图 8-13 所示。

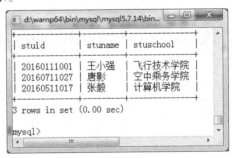

图 8-13　【8-5】查询结果

方法二：使用 phpMyAdmin 图形界面工具完成查询。

① 选中 student 数据库。

② 在 SQL 选项卡下输入相关 select 命令，单击"执行"按钮完成查询，如图 8-14 所示。查询结果如图 8-15 所示。

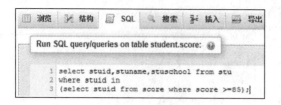

图 8-14　【8-5】图形界面查询命令　　　　　图 8-15　【8-5】图形界面查询结果

【8-6】 从数据库 student 的数据表 course 中查询课时（coursetime）与"数据库原理"课程一样的所有课程在 course 表中的信息

方法一：使用 MySQL 命令行客户端完成查询。

① 选中 student 数据库。

② 输入并执行如下 SQL 语句查询数据。

```
select * from course where coursetime=
(select coursetime from course where coursename="数据库原理");
```

查询结果如图 8-16 所示。

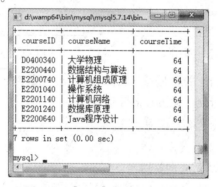

图 8-16　【8-6】命令行查询结果

方法二：使用 phpMyAdmin 图形界面工具完成查询。

① 选中 student 数据库。

② 在 SQL 选项卡下输入相关 select 命令，单击"执行"按钮完成查询，如图 8-17 所示。查询结果如图 8-18 所示。

图 8-17　【8-6】图形界面查询命令　　　　　图 8-18　【8-6】图形界面查询结果

实 训 项 目

【实训 8-1】 从数据库 student 的数据表 stu 和 score 中查询选修了课程 E2201040 的学生在表

stu 中的信息，查询结果包括 stuid、stuname、stuschool 3 列。

【实训 8-2】从数据库 student 的数据表 course 和 score 中查询各门课程的平均分、最高分和最低分，查询结果包含课程名、平均分、最高分、最低分 4 列。

【实训 8-3】从数据库 student 的数据表 stu 和 score 中查询每个同学所考科目的平均分，查询结果包含学号、姓名、平均分 3 列，查询结果按学号升序排列。

思考与练习

1. select 语句中，where 子句后面的筛选条件与 having 子句后面的筛选条件有什么区别？

2. 什么叫相等连接？如何实现？

3. select 中出现多层嵌套查询时，执行顺序如何？

实验 9 索引与视图

实验目的：

① 掌握 MySQL 中创建索引的方法。

② 掌握 MySQL 中查看索引、删除索引的方法。

③ 掌握 MySQL 中创建、修改视图的方法。

④ 掌握使用视图更新数据的方法。

⑤ 了解查看视图定义的方法。

实验内容：

① MySQL 中 create index、alter table、show index、drop index 语句的使用。

② MySQL 中 create view、show create view、drop view 语句的使用。

③ 使用视图更新数据。

【9-1】在数据库 student 的表 stu 中，根据 stuschool 创建一个升序普通索引 s_sc

方法一：使用 MySQL 命令行客户端创建索引。

① 选中 student 数据库。

② 输入并执行如下 SQL 语句创建索引。

`create index s_sc on stu(stuschool);`

创建成功后，系统提示如图 9-1 所示。

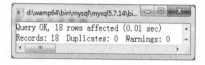

图 9-1 使用命令行创建索引

方法二：在 phpMyAdmin 的 SQL 选项卡中用命令方式创建索引。

① 选中 student 数据库。

② 在 SQL 选项卡下输入相关 create 命令，单击"执行"按钮完成索引创建，如图 9-2 所示。

图 9-2 通过 phpMyAdmin 命令方式创建索引

方法三：在 phpMyAdmin 的"结构"选项卡中创建索引。

① 选中 student 数据库。

② 在左侧目录树中选中数据表 stu，选择右侧"结构"选项卡。单击 stuschool 行后的"索引"项，在系统弹出的"确认"对话框中单击"确定"按钮即可创建索引，如图 9-3 所示。

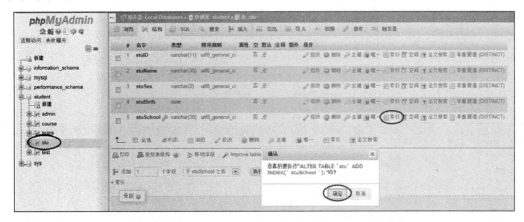

图 9-3 通过 phpMyAdmin 图形界面创建索引

③ 展开下方的"索引"目录树，单击 stuschool 索引前方的"编辑"按钮，在弹出的"编辑索引"对话框中修改索引名称为 s_sc，如图 9-4 所示。

图 9-4 编辑索引

【9-2】在数据库 student 的表 stu 中，根据 stuid 字段创建一个升序主索引，索引名称为 stuid

方法一：使用 MySQL 命令行客户端创建索引

① 选中 student 数据库。

② 输入并执行如下 SQL 语句创建主索引。

```
alter table stu add primary key(stuID);
```

方法二：在 phpMyAdmin 的 SQL 选项卡中用命令方式创建索引。

① 选中 student 数据库。

② 在 SQL 选项卡下输入相关 alter 命令，单击"执行"按钮完成索引创建，如图 9-5 所示。

方法三：在 phpMyAdmin 的"结构"选项卡中创建主键。

① 选中 student 数据库。

② 在左侧目录树中选中数据表 stu，选择右侧的"结构"选项卡。单击 stuid 行后的"主键"

项，在系统弹出的"确认"对话框中单击"确定"按钮即可，如图 9-6 所示。展开下方的索引目录树，可观察索引创建结果。

图 9-5　通过 phpMyAdmin 命令方式创建主键

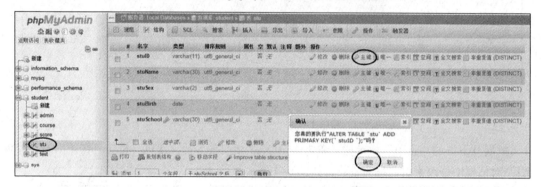

图 9-6　通过 phpMyAdmin 图形界面创建主键

【9-3】在数据库 student 中，查看数据表 stu 的索引信息

方法一：使用 MySQL 命令行客户端查看索引。

① 选中 student 数据库。

② 输入并执行如下 SQL 语句查看索引，结果如图 9-7 所示。

```
show index from stu;
```

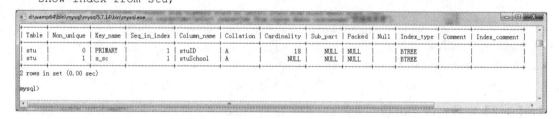

图 9-7　数据表 stu 索引信息

方法二：在 phpMyAdmin 的 SQL 选项卡中用命令方式查看索引。

① 选中 student 数据库。

② 在 SQL 选项卡下输入相关的 show index 命令，单击"执行"按钮完成索引查看，如图 9-8 所示，查看结果如图 9-9 所示。

图 9-8　查看索引

选项

Table	Non_unique	Key_name	Seq_in_index	Column_name	Collation	Cardinality	Sub_part	Packed	Null	Index_type	Comment	Index_comment
stu	0	PRIMARY	1	stuID	A	18	NULL	NULL		BTREE		
stu	1	s_sc	1	stuSchool	A	NULL	NULL	NULL		BTREE		

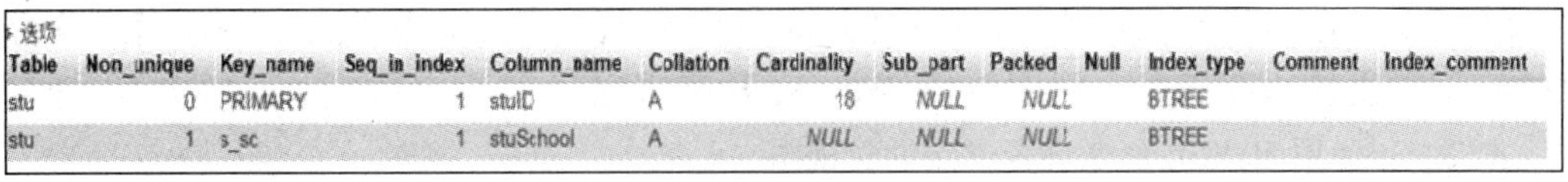

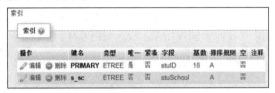

图 9-9　查看结果

方法三：在 phpMyAdmin 的“结构”选项卡中查看索引。

① 选中 student 数据库。

② 在左侧目录树中选中数据表 stu，选择右侧“结构”选项卡。展开下方的“索引”目录树，可观察索引创建结果，如图 9-10 所示。

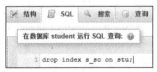

图 9-10　“索引”展开结果

【9-4】在数据库 student 中，删除数据表 stu 中的索引 s_sc

方法一：使用 MySQL 命令行客户端删除索引。

① 选中 student 数据库。

② 输入并执行如下 SQL 语句删除索引 s_sc。

```
drop index s_sc on stu;
```

方法二：在 phpMyAdmin 的 SQL 选项卡中用命令方式删除索引。

① 选中 student 数据库。

② 在 SQL 选项卡下输入相关 drop index 命令，单击“执行”按钮删除索引 s_sc，如图 9-11 所示。

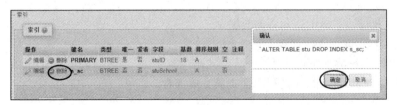

图 9-11　通过 phpMyAdmin 命令方式删除索引

方法三：在 phpMyAdmin 的“结构”选项卡中删除索引。

① 选中 student 数据库。

② 在左侧目录树中选中数据表 stu，选择右侧“结构”选项卡。展开下方的“索引”目录树，在索引 s_sc 左侧单击“删除”项，在弹出的“确认”对话框中单击“确定”按钮，如图 9-12 所示。

图 9-12　通过 phpMyAdmin 界面删除“索引”

【9-5】在数据库 student 中创建视图 stu_fx，该视图包含数据表 stu 中所有"飞行技术学院"学生的所有信息，视图结果按 stuid 升序排列

方法一：使用 MySQL 命令行客户端创建视图。

① 选中 student 数据库。

② 输入并执行如下 SQL 语句查询数据。

```
create view stu_fx AS
select  * from stu where stuschool="飞行技术学院" order by stu.stuid;
```

方法二：在 phpMyAdmin 的"SQL"选项卡中用命令方式创建视图。

① 选中 student 数据库。

② 在 SQL 选项卡下输入相关的 create view 命令，单击"执行"按钮完成创建，如图 9-13 所示。创建后可在左侧目录树中看到所创视图 stu_fx，如图 9-14 所示。

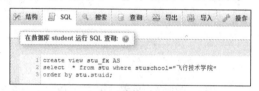

图 9-13　创建视图

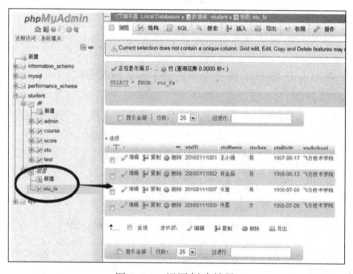

图 9-14　视图创建结果

【9-6】从数据库 student 查看视图 stu_fx 的定义信息

方法一：使用 MySQL 命令行客户端完成查看。

① 选中 student 数据库。

② 输入并执行如下 SQL 语句查询数据。

```
show create view stu_fx;
```

查询结果如图 9-15 所示。

方法二：使用 phpMyAdmin 图形界面工具完成查看。

① 选中 student 数据库。

图 9-15　查看视图定义

② 在 SQL 选项卡下输入相关 show 命令，单击"执行"按钮完成查看，如图 9-16 所示。查询结果如图 9-17 所示。

图 9-16　视图查看命令

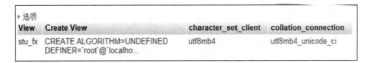

图 9-17　视图定义查看结果

【9-7】在数据库 student 的视图 stu_fx 中插入一条新的记录('2017010000','卢军','男','1998-08-01','飞行技术学院')

方法一：使用 MySQL 命令行客户端插入数据。

① 选中 student 数据库。

② 输入并执行如下 SQL 语句查询数据。

```
insert into stu_fx values('2017010000','卢军','男','1998-08-01','飞行技术学院');
```

插入完成后屏幕会提示"Query OK, 1 row affected (0.00 sec)"，可通过"select * from stu_fx;"命令查看视图 stu_fx 内容，结果如图 9-18 所示。

stuID	stuName	stuSex	stuBirth	stuSchool
20160111001	王小强	男	1997-08-17	飞行技术学院
20160111002	何金品	男	1998-06-12	飞行技术学院
20160111007	张皇	男	1998-07-09	飞行技术学院
20160111009	张星	女	1998-07-09	飞行技术学院
2017010000	卢军	男	1998-08-01	飞行技术学院

5 rows in set (0.00 sec)

图 9-18　视图 stu_fx 内容

方法二：使用 phpMyAdmin 图形界面工具完成插入。

① 选中 student 数据库。

② 在 SQL 选项卡下输入相关插入命令，单击"执行"按钮完成插入，如图 9-19 所示。插入后，在左侧目录树中选中视图 stu_fx 后可查看插入结果，如图 9-20 所示。

图 9-19　视图插入命令

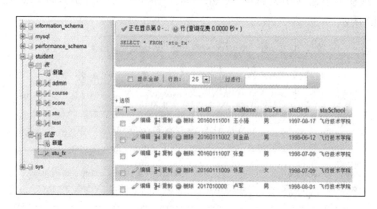

图 9-20　视图插入结果

【9-8】从数据库 student 中删除视图 stu_fx

方法一：使用 MySQL 命令行客户端删除视图。

① 选中 student 数据库。

② 输入并执行如下 SQL 语句查询数据。

```
drop view stu_fx;
```

命令执行后，系统会提示"Query OK, 0 rows affected (0.00 sec)"表示删除成功。

方法二：在 phpMyAdmin 的"SQL"选项卡中用命令完成删除。

① 选中 student 数据库。

② 在"SQL"选项卡下输入相关的 drop 命令，单击"执行"按钮完成删除，如图 9-21 所示。

图 9-21　通过 phpMyAdmin 命令行方式删除视图

方法三：在 phpMyAdmin 的"结构"选项卡中用图形界面工具完成删除。

① 选中 student 数据库。

② 在左侧目录树中选中"视图"分类，在右侧"结构"选项卡的视图列表中单击视图 stu_fx 所在行中的"删除"按钮，如图 9-22 所示，系统会弹出"确认"对话框询问是否执行删除操作，单击"确定"按钮，如图 9-23 所示。

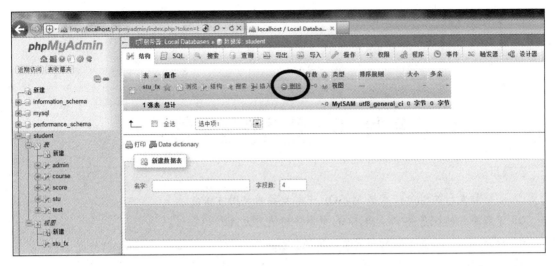

图 9-22　通过 phpMyAdmin 界面删除视图

图 9-23　确认删除对话框

实 训 项 目

【实训 9-1】在数据库 student 的数据表 stu 中创建普通索引 stb，将记录按出生日期（stubirth）降序排列。

【实训 9-2】在数据库 student 中创建视图 stu2，包含数据表 stu 中所有'外国语学院'同学的信息，数据按学号升序排列。

【实训 9-3】在数据库 student 中创建视图 stu3，包含数据表 score 中所有分数在 80 分以上（包含 80 分）记录的信息。

思考与练习

1. 用 create index 与 alter index 创建索引有什么不同？

2. 如何更改索引名称？

3. MySQL 的索引分为哪几种类型？有什么区别？

实验 10 \ 触发器与事件

实验目的：

① 了解触发器的概念并掌握 MySQL 中触发器的使用方法。

② 了解事件的概念并掌握 MySQL 中事件的使用方法。

③ 结合实例，深刻理解触发器与事件的区别。

实验内容：

① 触发器的创建、删除及使用。

② 事件的创建、修改与删除。

【10-1】在数据库 student 的表 stu 中，新建一个触发器 student_insert，用于每次向表 stu 中插入一行数据时，将用户变量 str 设置成 "add a new student"

操作步骤：

① 编写触发器，在 MySQL 命令行客户端输入并执行如下 SQL 语句：

```
mysql> CREATE TRIGGER student.student_insert AFTER INSERT
    -> ON student.stu
    -> FOR EACH ROW SET@str='add a new student.';
Query OK, 0 rows affected (0.13 sec)
```

② 向数据表 stu 中插入一条数据。

```
mysql> INSERT INTO student.stu
    -> VALUES('20160811001','孟嘉行','男','1995-08-01','飞行技术学院');
Query OK, 1 row affected (0.03 sec)
```

③ 在 MySQL 命令行客户端输入 SELECT @str，查看用户变量 str，验证触发器是否正确执行。

```
mysql> SELECT @str;
+--------------------+
| @str               |
+--------------------+
| add a new student. |
+--------------------+
1 row in set (0.00 sec)
```

④ 也可使用 MySQL 图形界面工具查看 "学生基本信息" 数据表中的触发器，查阅已建触发器，如图 10-1 所示。

图 10-1　查阅【10-1】已创建触发器

【10-2】在数据库 student 的表 stu 中，删除触发器 student_insert

操作步骤：

在 MySQL 命令行客户端输入并执行以下 SQL 语句：

```
mysql> DROP TRIGGER IF EXISTS student.student_insert;
Query OK, 0 rows affected (0.00 sec)
```

【10-3】在数据库 student 表的 stu 中，重新创建一个 INSERT 触发器 student_insert，用于每次向表 stu 中插入一行数据时，将用户变量 str 设置成新插入的学生学号

操作步骤：

① 编写触发器，在 MySQL 命令行客户端输入并执行如下语句：

```
mysql> CREATE TRIGGER student.student_insert
    -> AFTER INSERT
    -> ON student.stu
    -> FOR EACH ROW SET @str=NEW.stuID;
Query OK, 0 rows affected (0.09 sec)
```

② 为了测试生成的触发器，可以在 MySQL 命令行客户端使用 INSERT 语句向该表插入一条数据，输入并执行如下语句：

```
mysql> INSERT INTO student.stu
    -> VALUES('20160811002','王雨涵','女','1998-10-01','飞行技术学院');
Query OK, 1 row affected (0.00 sec)
```

③ 在 MySQL 命令行客户端输入 SELECT @str，查看用户变量，验证触发器是否正确执行。

```
mysql> SELECT @str;
+-------------+
| @str        |
+-------------+
| 20160811002 |
+-------------+
1 row in set (0.00 sec)
```

④ 也可使用 MySQL 图形界面工具查看"学生基本信息"数据表中的触发器，查阅已建触发器，如图 10-2 所示。

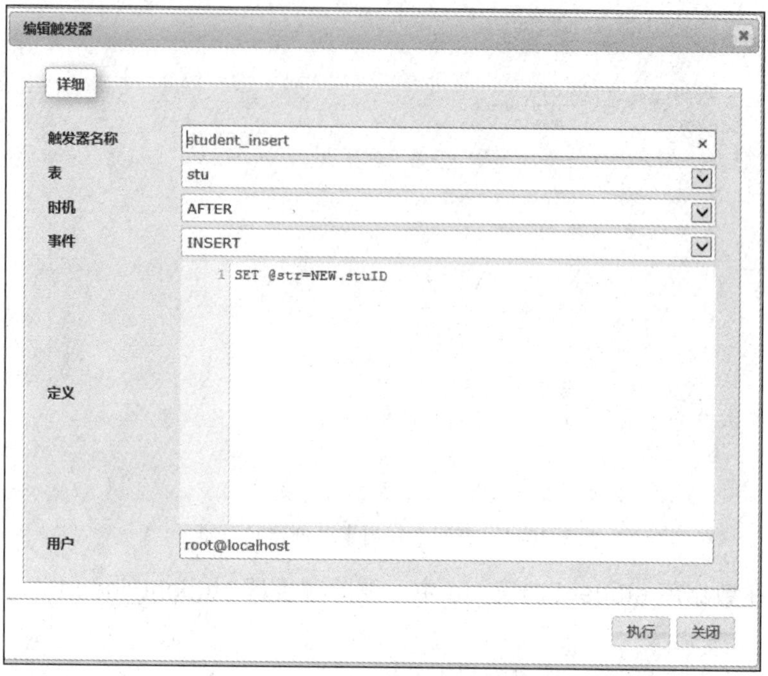

图 10-2　查阅【10-3】重新创建的触发器

【10-4】在数据库 student 的表 course 中，创建一个 UPDATE 触发器 class_update，用于每次更新表 course 数据时，将用户变量 str 设置成更新后的课程名

操作步骤：

① 编写触发器，在 MySQL 命令行客户端输入并执行如下语句：

```
mysql> CREATE TRIGGER student.class_update
    -> BEFORE UPDATE
    -> ON student.course
    -> FOR EACH ROW SET @str=NEW.courseName;
Query OK, 0 rows affected (0.17 sec)
```

② 查看课程号为 G2225420 的课程信息，在 MySQL 命令行客户端输入并执行以下语句：

```
mysql> SELECT courseID,courseName,courseTime
    -> FROM student.course WHERE courseID='G2225420';
+----------+------------+------------+
| courseID | courseName | courseTime |
+----------+------------+------------+
| G2225420 | 汇编语言    |         48 |
+----------+------------+------------+
1 row in set (0.00 sec)
```

③ 更新该条记录，将该课程学时更改为 60，在 MySQL 命令行客户端输入并执行以下语句：

```
mysql> UPDATE  student.course
    -> SET courseTime=60 WHERE courseID='G2225420';
Query OK, 1 row affected (0.05 sec)
Rows matched: 1  Changed: 1  Warnings: 0
```

④ 查看用户变量 str，验证 UPDATE 触发器是否正确执行。

```
mysql> SELECT @str;
+----------+
| @str     |
+----------+
| 汇编语言 |
+----------+
1 row in set (0.00 sec)
```

⑤ 也可使用 MySQL 图形界面工具查看"课程表"数据表中的触发器，查阅已建触发器，如图 10-3 所示。

图 10-3　查阅【10-4】创建的 UPDATE 触发器

【10-5】在数据库 student 中，创建一个事件 event_add，用于每 6 个月向表 course 中插入一条课程信息

操作步骤：

① 创建事件，在 MySQL 命令行客户端输入并执行如下语句：

```
mysql> USE student;
Database changed
mysql> CREATE EVENT IF NOT EXISTS event_add
    -> ON SCHEDULE EVERY 6 MONTH
    -> DO
    -> INSERT INTO course
    -> VALUES('A0000000','创新课程',32);
Query OK, 0 rows affected (0.02 sec)
```

② 使用 MySQL 图形界面工具查看数据库中创建的事件，如图 10-4 所示。

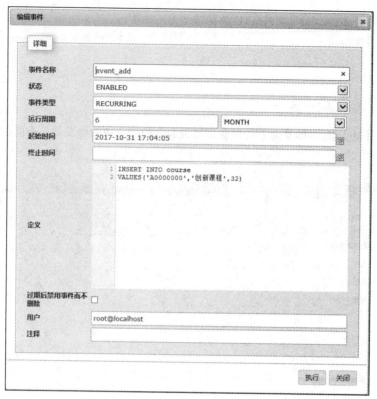

图 10-4　查看【10-5】创建的 event_add 事件

【10-6】在数据库 student 中，临时关闭事件 event_add，然后再次开启该事件，再将该事件名字修改为 event_new

操作步骤：

① 临时关闭事件，在 MySQL 命令行客户端输入并执行如下语句：

```
mysql> ALTER EVENT event_add disable;
Query OK, 0 rows affected (0.05 sec)
```

② 再次开启事件，在 MySQL 命令行客户端输入并执行如下语句：

```
mysql> ALTER EVENT event_add ENABLE;
Query OK, 0 rows affected (0.00 sec)
```

③ 修改事件名字为 event_new，在 MySQL 命令行客户端输入并执行如下语句：

```
mysql> ALTER EVENT event_add
    -> RENAME TO event_new;
Query OK, 0 rows affected (0.00 sec)
```

实 训 项 目

【实训】针对数据库 student 的数据表 stu 利用触发器完成以下操作：

① 每增加一条学生信息进入 stu，自动检查年龄是否符合 30 岁以下。

② 每删除一条学生记录，自动删除该学生在数据表 score 中的所有对应记录。

思考与练习

1. 触发器与事件的区别是什么？
2. 能够激活触发器的命令有哪几种？
3. 在【10-4】中，针对数据表更新操作，如何使用触发器引发其他相关数据表的更新？
4. 如何使用删除触发器来保证数据完整性和有效性？
5. 如何删除事件？
6. 如何打开数据库的事件调度器？

实验 11 \ 存储过程与存储函数

实验目的：

① 了解存储过程的概念并掌握 MySQL 中存储过程的使用方法。

② 了解存储函数的概念并掌握 MySQL 中存储函数的使用方法。

③ 结合实例，深刻理解存储过程与存储函数的区别。

实验内容：

① MySQL 结束命令的修改方法 DELIMITER。

② 存储过程体中局部变量的声明、赋值。

③ 存储过程体中流程控制语句的使用。

④ 存储过程体中游标的使用。

⑤ 存储过程的创建、修改、删除及调用。

⑥ 存储函数的创建、修改、删除及调用。

【11-1】将 MySQL 结束符修改为两个问号"??"，使用该结束符调用 SHOW DATABASES 语句，再将结束符换回默认的分号，再次调用 SHOW DATABASES 语句

操作步骤：

① 将 MySQL 结束符修改为两个问号"??"，在 MySQL 命令行客户端输入并执行如下 SQL 语句。

```
mysql> DELIMITER ??
```

② 用该结束符调用 SHOW DATABASES 语句。

```
mysql> SHOW DATABASES??
+--------------------+
| Database           |
+--------------------+
| information_schema |
| mysql              |
| performance_schema |
| student            |
| sys                |
+--------------------+
5 rows in set (0.00 sec)
```

③ 将结束符换回默认的分号，再次调用 SHOW DATABASE 语句。

```
mysql> DELIMITER ;
mysql> SHOW DATABASES;
+--------------------+
| Database           |
+--------------------+
| information_schema |
| mysql              |
| performance_schema |
| student            |
```

```
| sys                |
+--------------------+
5 rows in set (0.00 sec)
```

【11-2】在数据库 student 中创建一个存储过程 update_name，其功能是修改表
"stu"中的学生姓名，要求给出学生的学号，修改其对应的姓名

操作步骤：

① 将 MySQL 结束符修改为两个问号 "??"，创建存储过程 update_name,在 MySQL 命令行客户端输入并执行如下 SQL 语句。

```
mysql> DELIMITER ??
mysql> CREATE PROCEDURE update_name(IN cid INT,IN cname CHAR(30))
    -> BEGIN
    -> UPDATE stu SET stuName=cname WHERE stuID=cid;
    -> END??
Query OK, 0 rows affected (0.06 sec)
```

② 可使用 MySQL 图形界面工具查看 student 中的存储过程，查看已经创建好的存储过程，如图 11-1 所示。

图 11-1　查看【11-2】创建的存储过程

【11-3】在数据库 student 中，创建一个存储过程 get_MaxScore，其功能是根据给出的课程号，查询得出该课程的最高分及课程名称

操作步骤：

① 编写存储过程，在 MySQL 命令行客户端输入并执行如下语句：

```
mysql> USE student;
Database changed
mysql> DELIMITER ??
mysql> CREATE PROCEDURE get_MaxScore(IN cID CHAR(10),OUT cName CHAR(30),OUT maxScore FLOAT)
    -> BEGIN
    -> SELECT courseName INTO cName FROM course WHERE courseID=cID;
    -> SELECT MAX(score) INTO maxScore FROM score WHERE courseID=cID;
    -> END??
Query OK, 0 rows affected (0.02 sec)
```

② 为了测试该存储过程，可以在 MySQL 命令行客户端输入并执行如下语句：

```
mysql> DELIMITER ;
mysql> CALL get_MaxScore('E2201140',@n,@s);
Query OK, 1 row affected (0.01 sec)
```

③ 在 MySQL 命令行客户端输入 SELECT @n，以及 SELECT @s 查看用户变量，验证存储过程是否正确执行。

```
mysql> DELIMITER;
mysql> SELECT @n;
+------------+
| @n         |
+------------+
| 计算机网络  |
+------------+
1 row in set (0.00 sec)

mysql> SELECT @s;
+-------------------+
| @s                |
+-------------------+
| 79.4000015258789  |
+-------------------+
1 row in set (0.03 sec)
```

④ 也可使用 MySQL 图形界面工具查看 student 数据库中的存储过程，查阅存储过程，如图 11-2 所示。

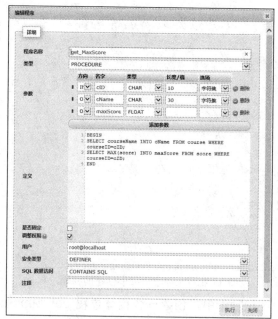

图 11-2　查看【11-3】创建的存储过程

【11-4】在数据库 student 中创建一个存储过程 get_boys，其功能是用于统计表 stu 中计算机学院的男生总人数（其中将用到游标、循环、局部变量、IF 语句等）

操作步骤：

① 编写存储过程，在 MySQL 命令行客户端输入并执行如下语句：

```
mysql> USE student;
Database changed
mysql> DELIMITER ??
mysql> CREATE PROCEDURE get_boys(OUT b INT)
    -> BEGIN
    -> DECLARE ss VARCHAR(2);
    -> DECLARE done INT DEFAULT 0;
    -> DECLARE cur CURSOR FOR SELECT stuSex FROM stu WHERE stuSchool='计算机学院';
    -> DECLARE CONTINUE HANDLER FOR NOT FOUND SET done=1;
    -> OPEN cur;
    -> SET b=0;
    -> myloop:LOOP
    -> IF done>0  THEN
    -> LEAVE myloop;
    -> END IF;
    -> FETCH cur INTO ss;
    -> IF ss='男' THEN
    -> SET b=b+1;
    -> END IF;
    -> END LOOP;
    -> CLOSE cur;
    -> END??
Query OK, 0 rows affected (0.03 sec)
```

② 为了测试该存储过程，可以在 MySQL 命令行客户端输入并执行如下语句：

```
mysql> DELIMITER ;
mysql> CALL get_boys(@c);
Query OK, 0 rows affected (0.01 sec)
```

③ 在 MySQL 命令行客户端输入 SELECT @c，验证存储过程是否正确执行。

```
mysql> SELECT @c;
+------+
| @c   |
+------+
|    4 |
+------+
1 row in set (0.01 sec)
```

④ 也可使用 MySQL 图形界面工具查看 student 数据库中的存储过程，查阅存储过程，如图 11-3 所示。

图 11-3　查看【11-4】创建的存储过程

【11-5】在数据库 student 中，创建一个存储函数 fn_search，其功能是：根据给定

学生学号查找学生并返回该学生的姓名，如果没有查找到相应的学生，则返回"没有该
学生信息"

操作步骤：

① 创建函数，在 MySQL 命令行客户端输入并执行如下语句。

```
mysql> USE student;
Database changed
mysql> DELIMITER ??
mysql> CREATE FUNCTION fn_search(cid CHAR(11))
    -> RETURNS CHAR(50)
    -> DETERMINISTIC
    -> BEGIN
    -> DECLARE NAME CHAR(50);
    -> SELECT stuName INTO NAME FROM stu
    -> WHERE stuID=cid;
    -> IF NAME IS NULL THEN
    -> RETURN(SELECT('没有该学生的信息.'));
    -> ELSE
    -> RETURN(NAME);
    -> END IF;
    -> END??
Query OK, 0 rows affected (0.03 sec)
```

② 调用存储函数。

```
mysql> DELIMITER ;
mysql> SELECT fn_search('20160111001');
+---------------------------+
| fn_search('20160111001')  |
+---------------------------+
| 王小强                     |
+---------------------------+
1 row in set (0.05 sec)

mysql> SELECT fn_search('000000000');
+--------------------------+
| fn_search('000000000')   |
+--------------------------+
| 没有该学生的信息           |
+--------------------------+
1 row in set (0.00 sec)
```

③ 在可视化界面中查询存储函数，如图 11-4 所示。

图 11-4 查看【11-5】创建的存储过程

实 训 项 目

【实训 11-1】针对数据库 student 中的数据表 stu，利用存储过程完成以下操作：

① 计算交通运输学院的女生人数。

② 计算年龄小于 18 岁的男生人数。

【实训 11-2】针对数据库 student，利用存储函数，完成以下操作：

① 利用函数计算每个学生的"总分""平均分"。

② 利用函数计算单科成绩的"最高分"和"最低分"。

思考与练习

1. 存储过程与存储函数的区别是什么？

2. 存储过程具有哪些优点？

3. 在【11-3】中，通过修改存储过程如何得出获得最高分成绩的学生姓名？

4. 如何使用删除触发器来保证数据完整性和有效性？

5. 简述游标与普通用户变量、局部变量的区别。

6. 如何通过 MySQL 命令行客户端输入命令查看数据库中已有的存储函数？

实验 12 访问控制与安全管理

实验目的：

① 掌握 MySQL 数据库中数据访问安全控制机制。

② 理解访问控制与安全管理在实际工作的应用。

③ 理解掌握用户账户及权限管理。

实验内容：

① MySQL 用户账号的创建、删除和修改。

② MySQL 用户密码的修改。

③ 账户权限的授予。

④ 账户权限的转移与限制。

⑤ 账户权限的撤销。

【12-1】查看本机 MySQL 数据库的使用者账号

操作步骤：

在 MySQL 命令行客户端输入并执行如下 SQL 语句：

```
mysql> SELECT user FROM mysql.user;
+-----------+
| user      |
+-----------+
| mysql.sys |
| root      |
+-----------+
2 rows in set (0.00 sec)
```

【12-2】在 MySQL 服务器中添加一个新用户，其用户名为"lucy"，主机名为"localhost"，用户密码设置为明文"123456"

操作步骤：

① 在 MySQL 命令行客户端输入并执行如下 SQL 语句。

```
mysql> CREATE USER 'lucy'@'localhost' IDENTIFIED BY '123456';
Query OK, 0 rows affected (0.09 sec)
```

② 在 MySQL 命令行客户端输入并执行如下 SQL 语句，查看用户是否成功添加。

```
mysql> SELECT user FROM mysql.user;
+-----------+
| user      |
+-----------+
| lucy      |
| mysql.sys |
| root      |
+-----------+
3 rows in set (0.00 sec)
```

【12-3】在 MySQL 服务器中修改上一题中添加的 "lucy" 用户账号，修改用户名为 "lucy520"，并将该用户的用户密码修改为明文 "hello" 对应的散列值

操作步骤：

① 在 MySQL 命令行客户端输入并执行如下语句。

```
mysql> RENAME USER 'lucy'@'localhost' TO 'lucy520'@'localhost';
Query OK, 0 rows affected (0.00 sec)
```

② 在 MySQL 命令行客户端输入并执行如下 SQL 语句，查看用户是否成功修改。

```
mysql> SELECT user FROM mysql.user;
+-----------+
| user      |
+-----------+
| lucy520   |
| mysql.sys |
| root      |
+-----------+
3 rows in set (0.00 sec)
```

③ 在 MySQL 命令行客户端输入如下语句，获得明文 "hello" 的散列值。

```
mysql> SELECT PASSWORD('hello');
+-------------------------------------------+
| PASSWORD('hello')                         |
+-------------------------------------------+
| *6B4F89A54E2D27ECD7E8DA05B4AB8FD9D1D8B119 |
+-------------------------------------------+
1 row in set, 1 warning (0.01 sec)
```

④ 在 MySQL 命令行客户端输入如下语句，将密码修改为该散列值。

```
mysql> SET PASSWORD FOR 'lucy520'@'localhost'
    -> ='*6B4F89A54E2D27ECD7E8DA05B4AB8FD9D1D8B119';
Query OK, 0 rows affected (0.00 sec)
```

【12-4】在 MySQL 服务器中删除用户 lucy520

操作步骤：

① 在 MySQL 命令行客户端输入并执行如下语句。

```
mysql> DROP USER 'lucy520'@'localhost';
Query OK, 0 rows affected (0.00 sec)
```

② 在 MySQL 命令行客户端输入并执行如下语句，查看用户是否被删除：

```
mysql> SELECT user FROM mysql.user;
+-----------+
| user      |
+-----------+
| mysql.sys |
| root      |
+-----------+
2 rows in set (0.00 sec)
```

【12-5】在 MySQL 服务器中重新创建用户，用户名为 lucy1314，主机名为 localhost，用户密码设置为明文 520。授予该用户对数据库 student 的表 stu，拥有列 stuID 和 stuName 的 SELECT 权限

操作步骤：

① 创建用户并验证，在 MySQL 命令行客户端输入并执行如下语句。

```
mysql> CREATE USER 'lucy1314'@'localhost' IDENTIFIED BY '520';
Query OK, 0 rows affected (0.00 sec)

mysql> SELECT user FROM mysql.user;
+-----------+
| user      |
+-----------+
| lucy1314  |
| mysql.sys |
| root      |
+-----------+
3 rows in set (0.00 sec)
```

② 授予用户权限，在 MySQL 命令行客户端输入并执行如下语句。

```
mysql> GRANT SELECT(stuID, stuName)
    -> ON student.stu
    -> TO 'lucy1314'@'localhost';
Query OK, 0 rows affected (0.06 sec)
```

③ 切换至用户账号 lucy1314 和密码 520 登录，执行以下语句，查看表 stu 中列 stuID 和 stuName 的数据，验证权限是否正确授予。

```
C:\Windows\system32\cmd.exe - mysql  -u'lucy1314' -p520

Microsoft Windows [版本 10.0.14393]
(c) 2016 Microsoft Corporation。保留所有权利。

C:\Windows\system32>cd c:\wamp64\bin\mysql\mysql5.7.14\bin

c:\wamp64\bin\mysql\mysql5.7.14\bin>mysql -u'lucy1314' -p520

mysql> SELECT stuID, stuName FROM student.stu LIMIT2;
+--------------+----------+
| stuID        | stuName  |
+--------------+----------+
| 20160111001  | 王小强    |
| 20160211011  | 李红梅    |
| 20160310022  | 张志斌    |
| 20160411033  | 王雪瑞    |
| 20160511011  | 何家驹    |
| 20160611023  | 张殷梅    |
| 20160722018  | 朱宏志    |
| 20160711027  | 唐影      |
| 20160111002  | 何金品    |
| 20160310022  | 张影      |
| 20160411002  | 张雪      |
| 20160511002  | 朱严方    |
| 20160511017  | 张毅      |
| 20160111007  | 张星      |
| 20160211007  | 王金      |
| 20160310017  | 程云汉    |
| 20160211009  | 张星      |
| 20160311024  | 何科威    |
| 20160811001  | 孟嘉行    |
| 20160811002  | 王雨涵    |
+--------------+----------+
20 rows in set (0.02 sec)
```

④ 使用用户账号 lucy1314 和密码 520 登录，执行以下语句，查看表 stu 中列 stuSex 和 stuSchool 的数据，出现报错，体现权限限制。

```
mysql> SELECT stuSex, stuSchool FROM student.stu LIMIT2;
ERROR 1143 (42000): SELECT command denied to user ''lucy1314'@'localhost' for column 'stuSex' in table 'stu'
```

【12-6】在 MySQL 服务器中授予当前系统中不存在的用户 stard，对数据库 student 的表 stu 拥有 SELECT 和 UPDATE 的权限，并允许其可以将自身的权限授予其他用户

操作步骤：

① 使用用户 root 登录到 MySQL 服务器，在 MySQL 命令行客户端输入执行如下语句：

```
mysql> GRANT SELECT,UPDATE
    -> ON student.stu
    -> TO 'stard'@'localhost' IDENTIFIED BY '123'
    -> WITH GRANT OPTION;
Query OK, 0 rows affected, 1 warning (0.00 sec)
```

② 在 MySQL 命令行客户端输入执行如下语句，验证用户账户正确建立：

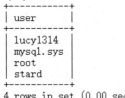

```
mysql> SELECT user FROM mysql.user;
+-----------+
| user      |
+-----------+
| lucy1314  |
| mysql.sys |
| root      |
| stard     |
+-----------+
4 rows in set (0.00 sec)
```

【12-7】在 MySQL 服务器中授予用户 lucy1314，"对数据库 student 的表 stu 拥有每小时只能处理一条 SELECT 语句"的权限

操作步骤：

使用用户 root 登录到 MySQL 服务器，在 MySQL 命令行客户端输入并执行如下语句：

```
mysql> GRANT SELECT
    -> ON student.stu
    -> TO 'lucy1314'@'localhost'
    -> WITH MAX_QUERIES_PER_HOUR 1;
Query OK, 0 rows affected, 1 warning (0.00 sec)
```

实 训 项 目

【实训 12-1】撤销用户 stard 的所有权限。

【实训 12-2】修改用户 lucy1314 的密码为 5201314。

思考与练习

1. 可以授予的数据库权限包含哪些？

2. 可以授予的表权限包含哪些？

3. 可以授予的列权限包含哪些？

4. 可以授予的用户权限包含哪些？

实验 13　备份与恢复

实验目的：

① 掌握 MySQL 数据库的备份方法。

② 掌握 MySQL 数据库的恢复方法。

③ 理解掌握备份与恢复在实际工作中的重要性。

实验内容：

① MySQL 中使用 SQL 语句备份与恢复表数据。

② 在 MySQL 客户端备份与恢复表数据。

③ MySQL 中使用 MySQL 图形界面工具备份与恢复表数据。

④ 直接复制方法。

⑤ 二进制日志文件的使用。

【13-1】备份数据库 student 中的表 stu 的全部数据，到 C 盘的 BACKUP 目录下文件名为 bufile.txt 的文件中，要求每个字段用逗号分开，并且字符用双引号标注，每行以问号结束

操作步骤：

① 选择 MySQL 服务器中的 my.ini 文件，如图 13-1 所示。

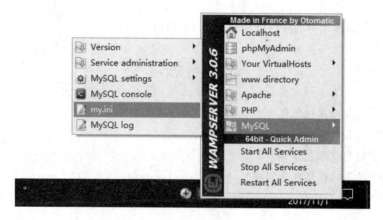

图 13-1　选择 my.ini 文件

② 按【Ctrl+F】组合键查询 secure_file_priv，得出一条默认路径，如图 13-2 所示。

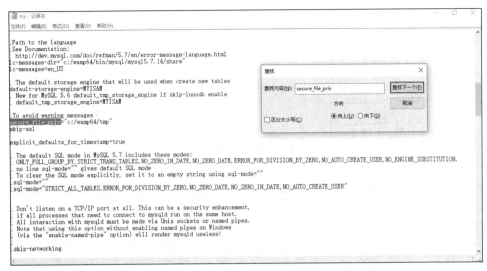

图 13-2　查询 secure_file_priv

③ 根据以上路径，在 MySQL 命令行客户端输入并执行如下 SQL 语句。

```
mysql> SELECT *FROM student.stu
    -> INTO OUTFILE ''C:/wamp64/tmp/bufile.txt'
    -> FIELDS TERMINATED BY ','
    -> OPTIONALLY ENCLOSED BY '"'
    -> LINES TERMINATED BY '?';
Query OK, 20 rows affected (0.00 sec)
```

④ 用记事本查看 C 盘 wamp64/tmp 目录下的 bufile.txt 文件，内容如旅途 13-3 所示。

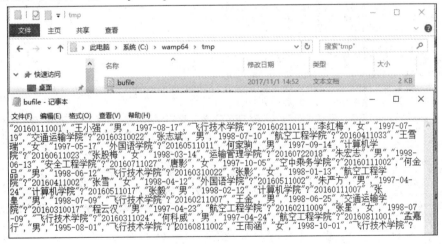

图 13-3　查看 bufile.txt 文件

【13-2】将【13-1】中导出的数据 bufile.txt 导入到数据库 student 的表 stu_copy 中，其中 stu_copy 的表结构和 stu 完全一致

操作步骤：

① 通过复制表结构方法，新建数据表 stu_copy，在 MySQL 命令行客户端输入并执行如下 SQL 语句。

```
mysql> CREATE TABLE student.stu_copy like student.stu;
Query OK, 0 rows affected (0.09 sec)
```

② 从案例 13-1 创建的备份文件，导入到表 stu_copy 中。

```
mysql> LOAD DATA INFILE 'C:/wamp64/tmp/bufile.txt'
    -> INTO TABLE student.stu_copy
    -> FIELDS TERMINATED BY ','
    -> OPTIONALLY ENCLOSED BY '"'
    -> LINES TERMINATED BY '?';
ERROR 1406 (22001): Data too long for column 'stuSex' at row 1
```

③ 出现报错后，可以在控制台将 stu_copy 的字段 stuSex 长度修改为 4，如图 13-4 所示。

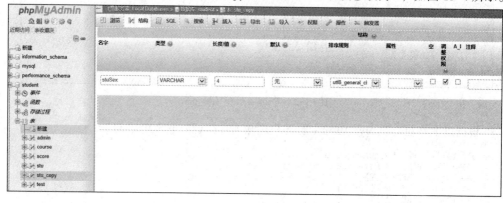

图 13-4　修改字段 stuSex

④ 再次将案例 13-1 创建的备份文件，导入到上表 stu_copy 中。

```
mysql> LOAD DATA INFILE 'C:/wamp64/tmp/bufile.txt'
    -> INTO TABLE student.stu_copy
    -> FIELDS TERMINATED BY ','
    -> OPTIONALLY ENCLOSED BY '"'
    -> LINES TERMINATED BY '?';
Query OK, 20 rows affected (0.00 sec)
Records: 20  Deleted: 0  Skipped: 0  Warnings: 0
```

⑤ 从控制台可以查看导入的数据，如图 13-5 所示。

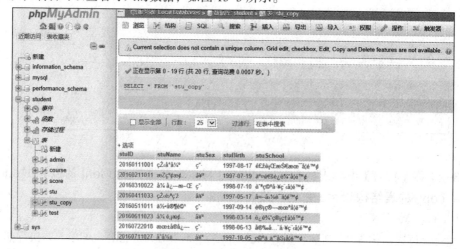

图 13-5　查看导入的数据

【13-3】在 DOS 终端上查看 MySQL 的 mysqldump 程序，使用该程序备份数据库 student 中的表 course

操作步骤：

① 在操作系统的 DOS 界面中输入并执行以下语句，切换至目标目录。

```
C:\Windows\system32>cd c:\wamp64\bin\mysql\mysql5.7.14\bin

c:\wamp64\bin\mysql\mysql5.7.14\bin>
```

② 调用 mysqldump 程序，将 course 表复制到 c:\wamp64\tmp\file.sql 文件中。

```
c:\wamp64\bin\mysql\mysql5.7.14\bin>mysqldump -h localhost -uroot -p student course > c:\wamp64\tmp\file.sql
Enter password:

c:\wamp64\bin\mysql\mysql5.7.14\bin>
```

③ 在 c:\wamp64\tmp\目录下查看该 file.sql 文件，如图 13-6 所示。

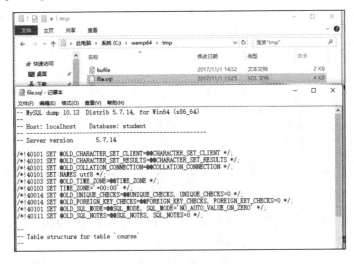

图 13-6　查看 file.sql 文件

④ 删除数据表 course（模拟误删除），在 MySQL 命令行客户端输入并执行如下 SQL 语句。

```
mysql> drop table student.course;
Query OK, 0 rows affected (0.00 sec)
```

⑤ 从 c:\wamp64\tmp 下的备份文件 file.sql 恢复数据至数据表 course。在 DOS 界面中输入并执行以下语句。

```
C:\wamp\bin\mysql\mysql5.7.14\bin>mysql  -u root  -p student<c:\wamp\tmp\file.sql
```

【13-4】使用 MYSQL 图形界面工具备份和恢复数据

操作步骤：

① 以 Web 方式登录 phpMyAdmin，出现如图 13-7 所示界面。

② 单击管理界面中的"导出"按钮，即可选择需要导出的数据库或者表，如图 13-8 所示。

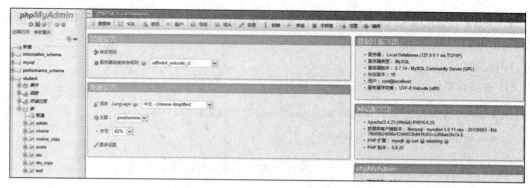

图 13-7　以 Web 方式登录 phpMyAdmin

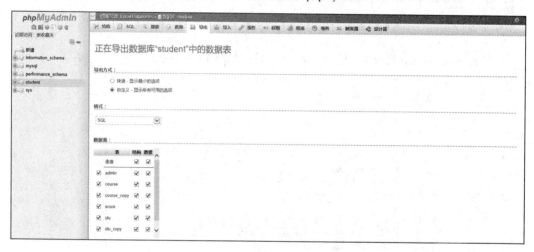

图 13-8　选择导出的数据库或表

③ 按照上面的步骤单击上方的"导入"按钮，输入希望导入的备份文件名，然后单击"执行"按钮即可完成数据库的恢复操作，如图 13-9 所示。

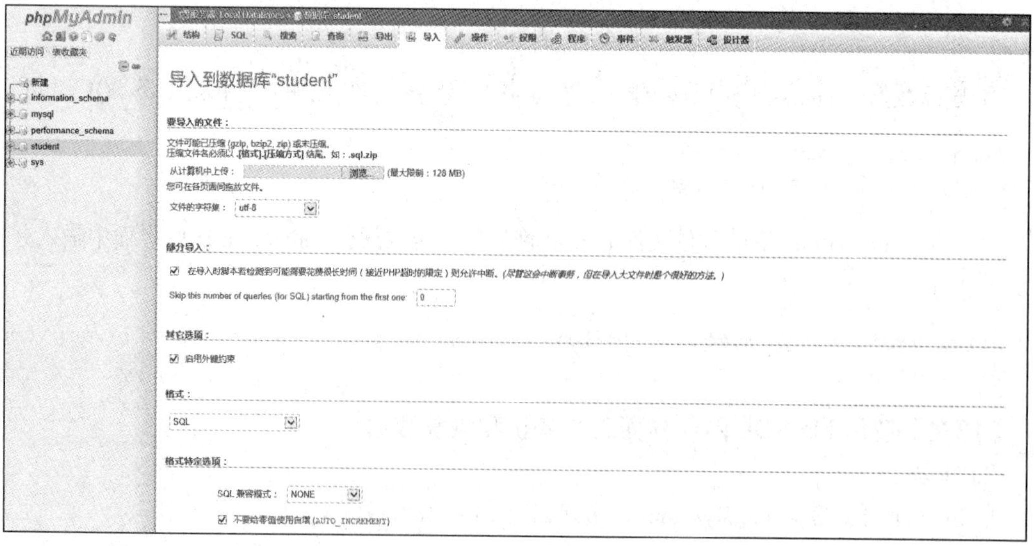

图 13-9　选择导入的文件

实 训 项 目

【实训】使用以下方法分别备份数据库 student：

① SQL 语句。

② MySQL 实用程序的 mysqldump 程序。

③ MySQL 图形界面工具。

思考与练习

1. 在【13-2】中为何恢复出的数据出现乱码？如何修复？

2. 如何备份并恢复数据库中的某一张表？

3. 如何使用二进制日志文件？

实验 14 \ PHP 的 MySQL 数据库编程

实验目的：

① 配置并建立 PHP 与 MySQL 数据库服务器的连接。

② 掌握使用 PHP 对 MySQL 数据库的操作。

实验内容：

① 使用 PHP 连接 MySQL 数据库。

② 使用 PHP 对 MySQL 数据库进行添加、查询、修改和删除操作。

【14-1】编写一个数据库连接程序 conn.php，使用用户名为 root 及其默认空密码连接本地主机中的 MySQL 数据库服务器，指定数据库 student 作为当前工作数据库，并且用$con 保存连接返回的结果

操作步骤：

① 打开 WAMP 程序根目录。单击桌面右下角的 WAMPServer 图标，在弹出的菜单中选择"www 目录"，打开 www 文件夹。

② 编写 conn.php 文件。在打开的 www 文件夹窗口的空白处右击，在弹出的快捷菜单中选择"新建文本文档"命令，对新建的文本文件重命名为 conn.php，右击该文件，选择 Edit with Notepad++ 命令，打开 conn.php 文件，输入以下 PHP 程序并保存。

```php
<?php
    $con = mysqli_connect("localhost","root","","student")  //创建连接
    if(!$con)                                                //检测连接
    {
        die("连接失败: ".mysqli_connect_error());
    }
    echo "连接成功";                                         //显示连接成功
?>
```

③ 运行 conn.php 文件。单击桌面右下角的 WampServer 图标，在弹出的快捷菜单中选择 "Localhost 选项"，打开浏览器，在地址栏中输入 http://localhost/conn.php，按【Enter】键即可查看结果。若执行成功则可以看到浏览器输出的结果，如图 14-1 所示。

【14-2】编写一个添加数据的 insert.php 程序，向数据库 student 中的表 stu 添加一条学生基本信息：('20170611024','胡晓杰','女','1998-05-24','运输管理学院')

操作步骤：

图 14-1　程序 conn.php 运行后的输出结果

① 编写 insert.php 文件。在 www 文件夹中创建 insert.php 文件，输入以下 PHP 程序并保存。

```php
<?php
    $con = mysqli_connect("localhost","root","","student"); //创建连接
    if(!$con)                                               //检测连接
    {
        die("连接失败: ".mysqli_connect_error());
    }
    mysqli_query($con,"set names utf8");                    //设置字符集
    $sql="INSERT INTO stu VALUES('20170611024','胡晓杰','女','1998-05-24',
'运输管理学院');";
    if(mysqli_query($con,$sql))                //函数 mysqli_query 执行 SQL 语句
    {
        echo "学生信息添加成功";
    }
    else
    {
        echo "学生信息添加失败";
    }
    mysqli_close($con);                        //关闭连接
?>
```

② 运行 insert.php 文件。在浏览器中输入 http://localhost/insert.php，按【Enter】键即可查看结果。若执行成功则可以看到浏览器输出的结果，如图 14-2 所示。

在 phpMyAdmin 中可以查看最新添加的一条学生基本信息。

图 14-2　程序 insert.php 执行成功返回的结果

【14-3】编写一个查询数据的 PHP 程序 query.php，在数据库 student 的表 stu 中查询学号为"20160211011"的学生姓名、性别、出生日期以及所在院系

操作步骤：

① 编写 query.php 文件。在 www 文件夹中创建 query.php 文件，输入以下 PHP 程序并保存。

```php
<?php
    $con = mysqli_connect("localhost","root","","student");      //创建连接
    if(!$con)                                                     //检测连接
    {
        die("连接失败: ".mysqli_connect_error());
    }
    mysqli_query($con,"set names utf8");                         //设置字符集
    $sql="SELECT stuName, stuSex, stuBirth, stuSchool FROM stu WHERE stuID =
'20160211011'";
    $result= mysqli_query($con,$sql);          //执行 SQL 语句，返回查询结果
    if($result)
    {
        echo "信息查询成功<br>";
        $arr=mysqli_fetch_array($result, MYSQLI_BOTH);
        if($arr)
        {
            echo "姓名:".$arr[0]."<br>";
            echo "性别:".$arr[1]."<br>";
            echo "出生日期:".$arr[2]."<br>";
            echo "院系:".$arr[3]."<br>";
        }
        else
        {
            echo "该学生信息不存在";
        }
    }
    else
    {
        echo "信息查询失败";
    }
    mysqli_close($con);                            //关闭连接
?>
```

② 运行 query.php 文件。在浏览器中输入 http://localhost/query.php，按【Enter】键即可查看结果。若执行成功则可以看到浏览器输出的结果，如图 14-3 所示。

图 14-3　程序 query.php 执行成功返回的结果

【14-4】编写一个修改数据的 PHP 程序 update.php，将数据库 student 中的表 stu 中一个学生的姓名"胡晓杰"修改为"胡小杰"

操作步骤：

① 编写 update.php 文件。在 www 文件夹中创建 update.php 文件，输入以下 PHP 程序并保存。

```php
<?php
    $con = mysqli_connect("localhost","root","","student"); //创建连接
    if(!$con)                                                //检测连接
    {
        die("连接失败: ".mysqli_connect_error());
    }
    mysqli_query($con,"set names utf8");                     //设置字符集
    $sql="UPDATE stu SET stuName='胡小杰' WHERE stuName='胡晓杰';";
    if(mysqli_query($con,$sql))                              //执行 SQL 语句
    {
        echo "学生信息修改成功";
    }
    else
    {
        echo "学生信息修改失败";
    }
    mysqli_close($con);                                      //关闭连接
?>
```

② 运行 update.php 文件。在浏览器中输入 http://localhost/update.php，按【Enter】键即可查看结果。若执行成功则可以看到浏览器输出的结果，如图 14-4 所示。

图 14-4　程序 update.php 执行成功返回的结果

在 phpMyAdmin 中可以查看学生基本信息表中指定学生姓名修改前后的情况。

【14-5】编写一个删除数据的 PHP 程序 delete.php，将数据库 student 中的表 stu 的一个姓名为"胡小杰"的学生的基本信息删除

操作步骤：

① 编写 delete.php 文件。在 www 文件夹中创建 delete.php 文件，输入以下 PHP 程序并保存：

```php
<?php
    $con = mysqli_connect("localhost","root","","student"); //创建连接
    if(!$con)                                                //检测连接
        {
            die("连接失败: ".mysqli_connect_error());
        }
    mysqli_query($con,"set names utf8");     //设置utf8字符集
    $sql="DELETE FROM stu WHERE stuName='胡小杰'";
    if(mysqli_query($con,$sql))              //执行SQL语句，判断是否执行成功
    {
    echo "学生信息删除成功";
    }
    else
    {
        echo "学生信息删除失败";
    }
    mysqli_close($con);                      //关闭连接
?>
```

② 运行 delete.php 文件。在浏览器中输入 http://localhost/delete.php，按【Enter】键即可查看结果。若执行成功，则可以看到浏览器输出的结果，如图 14-5 所示。

图 14-5　程序 delete.php 执行成功返回的结果

实 训 项 目

【实训】实现学生管理系统的成绩管理模块。

① 制作添加成绩页面 scoreInsert.php。

② 制作查询成绩页面 scoreSelect.php。

③ 制作修改成绩页面 scoreUpdate.php。

④ 制作删除成绩页面 scoreDelete.php。

思考与练习

使用 PHP、SQL 语句如何创建数据库和数据表？

实验 15 数据库应用系统开发实例

实验目的：

① 掌握系统开发中数据库的设计与实现。

② 熟悉使用 PHP 语言开发简单的 MySQL 应用系统。

实验内容：

① 学生信息管理系统数据库设计与实现。

② 使用 PHP、MySQL 开发学生基本信息管理系统。

【15-1】使用 PHP+MySQL 开发一个简单的学生信息管理系统，该系统采用浏览器/服务器模式，可以在本系统中添加学生信息、查询学生信息以及删除学生信息

1. 数据库和数据表设计

学生信息管理系统的后台数据库采用 MySQL，其中要创建的数据库名称为 student，该数据库中包含有数据表 stu，用于存储学生的基本信息。

学生基本信息表 stu 的结构如表 15-1 所示。

表 15-1　学生基本信息表 stu 的结构

字 段 名 称	含　义	数 据 类 型	长　　　度	备　　注
stuID	学号	varchar	10	
stuName	姓名	varchar	30	
stuSex	性别	varchar	2	
stuBirth	出生日期	date		
stuSchool	院系	varchar	30	

2. 创建数据库和数据表

创建数据库和数据表可以用相应的图形化工具（例如 phpMyAdmin），也可以在终端直接使用 SQL 语句来创建数据库和数据表。本实验可以直接采用本书前面实验已创建的数据库 student 及表 stu。

3. 系统实现

① 系统的主页面设计与实现。在 www 文件夹中创建主页面 index.html，输入以下代码并保存。

```
<html>
    <head>
        <title>学生信息管理系统</title>
```

```
    </head>
    <body>
        <h2>学生基本信息管理系统</h2>
        <h3>学生管理</h3>
        <a href="insert.php">添加学生信息</a>
        <a href="select.php">查看学生信息</a>
        <a href="delete.php">删除学生信息</a>
    </body>
</html>
```

在浏览器中输入 http://localhost/index.html，按【Enter】键即可查看结果。若执行成功，则可以看到浏览器输出的结果，如图 15-1 所示。

图 15-1　学生信息管理系统主页面

② 公共代码模块的设计与实现。在 www 文件夹中创建数据库连接页面 conn.php，输入以下代码并保存。

```php
<?php
    $con = mysqli_connect("localhost","root","","student"); //创建连接
    if(!$con)                                               //检测连接
    {
        die("连接失败: ".mysqli_connect_error());
    }
    mysqli_query($con,"set names utf8");                    //设置字符集
?>
```

③ 添加学生页面的设计与实现。在 www 文件夹中创建添加学生信息页面 insert.php，输入以下代码并保存，实现 HTML 表单提交向数据库 student 的表 stu 中添加数据记录。

```
<html>
    <head>
        <title>添加学生</title>
    </head>
    <body>
        <?php
            if(!isset($_POST['submit'])){  //如果没有表单提交，显示一个表单
        ?>
            <h3>添加学生</h3>
            <form action="" method="post">
```

```
                    学生学号: <input type="text" name="stuid"><br>
                    学生姓名: <input type="text" name="stuname"><br>
                    学生性别: <input type="text" name="stusex"><br>
                    出生日期: <input type="date" name="stubirth"><br>
                    所在院系: <input type="text" name="stuschool"><br>
                    <input type="submit" name="submit" value="提交" />
            </form>
    <?php
      }
        else
        {                                       //如果提交了表单
        require_once  "conn.php";       //创建连接
        $stuid=$_POST["stuid"];
        $stuname=$_POST["stuname"];
        $stusex=$_POST["stusex"];
        $stubirth=$_POST["stubirth"];
        $stuschool=$_POST["stuschool"];
        $sql="INSERT INTO stu VALUES('$stuid', '$stuname', '$stusex',
'$stubirth', '$stuschool')";
        if(mysqli_query($con,$sql))
        {
            echo "添加成功";
        }
        else
        {
            echo "添加失败";
        }
        mysqli_close($con);             //关闭连接
        }
    ?>
    </body>
</html>
```

在浏览器中输入 http://localhost/insert.php，按【Enter】键即可查看结果。若执行成功，则可以看到浏览器输出的结果，如图 15-2 所示。

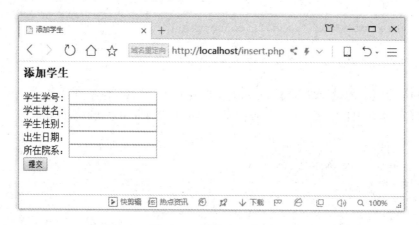

图 15-2　添加学生页面

在添加学生的 Web 页面完成学生信息的填写之后，可单击该页面的"提交"按钮添加学生信息。若执行成功，则可以看到浏览器输出的结果，如图 15-3 所示。

图 15-3 添加学生成功后的结果页面

④ 查看学生页面的设计与实现。在 www 文件夹中创建查看学生信息页面 select.php，输入以下代码并保存。

```php
<?php
    require_once  "conn.php";
    $sql="SELECT * FROM stu";
    $result=mysqli_query($con,$sql);
    if($result)
    {
        echo "<br>";
        While($row=mysqli_fetch_row($result))
        {
            echo "学号: ".$row[0]." 姓名: ".$row[1]." 性别: ".$row[2]." 出生日期:
".$row[3]." 院系: ".$row[4];
            echo "<br>";
        }
    }
    else
    {
        echo "查看失败";
    }
    mysqli_close($con);
?>
```

在浏览器中输入 http://localhost/select.php，按【Enter】键即可查看结果。若执行成功，则可以看到浏览器输出的结果，如图 15-4 所示。

⑤ 删除学生页面的设计与实现。在 www 文件夹中创建删除学生信息页面 delete.php，输入以下代码并保存。

```html
<html>
    <head>
        <title>删除学生</title>
    </head>
    <body>
        <?php
```

图 15-4　查看学生信息页面

```php
    if(!isset($_POST['submit'])){  //如果没有表单提交，显示一个表单
?>
    <h3>删除学生信息</h3>
    <form action="" method ="post">
        学号: <input type="text" name="stuid"><br>
        <input type="submit" name="submit" value="提交" />
    </form>
<?php
    }
    else
    {                                       //如果提交了表单
        require_once  "conn.php";
        $stuid=$_POST["stuid"];
        $sql="DELETE FROM stu WHERE stuid='$stuid'";
        if(mysqli_query($con,$sql))
        {
            echo "删除成功";
        }
        else
        {
            echo "删除失败";
        }
        mysqli_close($con);
    }
    ?>
    </body>
</html>
```

在浏览器中输入 http://localhost/delete.php，按【Enter】键即可查看结果。若执行成功，则可以看到浏览器输出的结果，如图 15-5 所示。

图 15-5 删除学生页面

当删除学生的 Web 页面输入学生学号之后，单击该页面的"提交"按钮则删除学生信息。若执行成功，则可以看到浏览器输出的结果，如图 15-6 所示。

图 15-6 删除学生成功后的结果页面

实 训 项 目

【实训】修改学生信息页面的设计与实现。

① 创建修改学生信息页面 update.php。

② 编写代码并保存。

③ 在浏览器查看执行结果。

④ 输入学生信息，提交查看 update.php 执行结果。

思考与练习

如何通过 PHP 验证表单数据，防止攻击者通过在表单中注入 HTML 或 JavaScript 代码（跨站点脚本攻击）对代码进行利用？

附录 A

全国计算机等级考试（二级）MySQL 数据库程序设计模拟试题

（第一套）

一、选择题

1. 程序流程图中带有箭头的线段表示的是（　　）。

    A. 图元关系　　　　　B. 数据流　　　　　C. 控制流　　　　　D. 调用关系

2. 一个栈的初始状态为空，现将元素 1、2、3、4、5、A、B、C、D、E 依次入栈，然后再依次出栈，则元素出栈的顺序是（　　）。

    A. 12345ABCDE　　　B. EDCBA54321　C. ABCDE12345　D. 54321EDCBA

3. 某二叉树有 5 个度为 2 的结点，则该二叉树中的叶子结点数是（　　）。

    A. 10　　　　　　　　B. 8　　　　　　　　C. 6　　　　　　　　D. 4

4. 下列数据结构中，能够按照"先进后出"原则存取数据的是（　　）。

    A. 循环队列　　　　　B. 栈　　　　　　　C. 队列　　　　　　D. 二叉树

5. 下列叙述中正确的是（　　）。

    A. 栈是一种先进先出的线性表　　　　　B. 队列是一种后进先出的线性表

    C. 栈与队列都是非线性结构　　　　　　D. 以上 3 种说法都不对

6. 下列叙述中正确的是（　　）。

    A. 有一个以上根结点的数据结构不一定是非线性结构

    B. 只有一个根结点的数据结构不一定是线性结构

    C. 循环链表是非线性结构　　　　　　D. 双向链表是非线性结构

7. 下列关于线性链表的叙述中，正确的是（　　）。

    A. 各数据结点的存储空间可以不连续，但它们的存储顺序与逻辑顺序必须一致

    B. 各数据结点的存储顺序与逻辑顺序可以不一致，但它们的存储空间不需连续

    C. 进行插入数据与删除数据时，不需要异动表中的元素

    D. 以上说法均不对

8. 某二叉树共有 7 个结点，其中叶子结点有 1 个，则该二叉树的深度为（假设根结点在第 1 层）（　　）。

    A. 3　　　　　　　　B. 4　　　　　　　　C. 6　　　　　　　　D. 7

9. 在关系数据库中，用来表示实体间联系的是（　　　　）。

    A．属性　　　　　　　　B．二维表　　　　　C．网状结构　　　　D．树状结构

10. 下列关于栈的叙述正确的是（　　　　）。

    A．栈按"先进先出"组织数据　　　　　B．栈按"先进后出"组织数据

    C．只能在栈底插入数据　　　　　　　　D．不能删除数据

11. 数据库管理系统提供的数据控制功能包括（　　　　）。

    A．数据的完整性　　　　　　　　　　　B．恢复和并发控制

    C．数据的安全性　　　　　　　　　　　D．以上所有各项

12. 下列关于数据的叙述中，错误的是（　　　　）。

    A．数据的种类分为文字、图形和图像三类

    B．数字只是最简单的一种数据

    C．数据是描述事物的符号记录

    D．数据是数据库中存储的基本对象

13. 下列关于空值的描述中，正确的是（　　　　）。

    A．空值等同于数值 0　　　　　　　　　B．空值等同于空字符串

    C．空值表示无值　　　　　　　　　　　D．任意两个空值均相同

14. 下列关于 E-R 图向关系模式转换的描述中，正确的是（　　　　）。

    A．一个多对多的联系可以与任意一端实体对应的关系合并

    B．三个实体间的一个联系可以转换为三个关系模式

    C．一个一对多的联系只能转换为一个独立的关系模式

    D．一个实体型通常转换为一个关系模式

15. 设有借书信息表，结构为：

    借书信息（借书证号，借书人，住址，联系电话，图书号，书名，借书日期）

    设每个借书人一本书只能借一次，则该表的主键是（　　　　）。

    A．借书证号，图书号　　　　　　　　　B．借书证号

    C．借书证号，借书人　　　　　　　　　D．借书证号，图书号，借书日期

16. 关于 E-R 图，以下描述中正确的是（　　　　）。

    A．实体和联系都可以包含自己的属性

    B．联系仅存在于两个实体之间，即只有二元联系

    C．两个实体型之间的联系可分为 1:1、1:N 两种

    D．通常使用 E-R 图建立数据库的物理模型

17. 下列关于数据库的叙述中，错误的是（　　　　）。

    A．数据库中只保存数据

    B．数据库中的数据具有较高的数据独立性

    C．数据库按照一定的数据模型组织数据

    D．数据库是大量有组织、可共享数据的集合

18. DBS 的中文含义是（　　　　）。

    A．数据库系统　　　　B．数据库管理员　　C．数据库管理系统　　　D．数据定义语言

19. 关于 E-R 图，以下描述中正确的是（   ）。

    A. 实体可以包含多个属性，但联系不能包含自己的属性

    B. 联系仅存在于两个实体之间，即只有二元联系

    C. 两个实体之间的联系可分为 1:1、1:N、M:N 三种

    D. 通常使用 E-R 图建立数据库的物理模型

20. 下列关于数据库的叙述中，不准确的是（   ）。

    A. 数据库中存放的对象是数据表

    B. 数据库是存放数据的仓库

    C. 数据库是长期存储在计算机内的、有组织的数据集合

    D. 数据库中存放的对象可为用户共享

21. 在 MySQL 中，下列有关 CHAR 和 VARCHAR 的比较中，不正确的是（   ）。

    A. CHAR 是固定长度的字符类型，VARCHAR 则是可变长度的字符类型

    B. 由于 CHAR 固定长度，所以在处理速度上要比 VARCHAR 快，但是会占更多存储空间

    C. CHAR 和 VARCHAR 的最大长度都是 255

    D. 使用 CHAR 字符类型时，将自动删除末尾的空格

22. 下列关于 ALTER DATABASE 命令的叙述中，错误的是（   ）。

    A. 使用 ALTER DATABASE 命令时，数据库的名称不能省略

    B. 使用 ALTER DATABASE 命令时，用户必须具有对数据库进行修改的权限

    C. ALTER DATABASE 命令可用于更改数据库的全局特性

    D. ALTER DATABASE 命令可使用 ALTER SCHEMA 命令替换

23. 设有学生表 student（sno,sname,sage,smajor），各字段的含义分别是学生学号、姓名、年龄和专业。要求输入一名学生的记录，学号为 100，姓名为张红，年龄为 20。以下不能完成如上输入要求的语句是（   ）。

    A. INSERT INTO student VALUES(100,'张红',20);

    B. INSERT INTO student(sno,sname,sage,smajor) VALUES(100, '张红',20,NULL);

    C. INSERT INTO student VALUES(100, '张红',20,NULL);

    D. INSERT INTO student(sno,sname,sage) VALUES(100, '张红',20);

24. 下列关于数据库系统三级模式结构的描述中，正确的是（   ）。

    A. 一个数据库可以有多个模式   B. 一个数据库可以有多个外模式

    C. 一个数据库可以有多个内模式   D. 一个数据库可以有多个模式和外模式

25. 根据关系模式的完整性规则，以下关于主键的叙述中正确的是（   ）。

    A. 主键不能包含两个字段   B. 主键不能作为另一个关系的外键

    C. 主键不允许取空值   D. 主键可以取重复值

26. 在数据库系统的三级模式结构中，一个数据库只能有一个（   ）。

    A. 模式和外模式   B. 模式和内模式   C. 子模式   D. 外模式

27. 当 MySQL 服务器正确安装配置完毕之后，会在 MySQL 的主目录下生成一个 MySQL 启动时自动加载的选项文件，该选项文件是（   ）。

    A. my.ini   B. mysql.txt   C. sql.ini   D. mysql.cfg

28. 在下列有关 GROUP BY 语句的描述中，不正确的是（   ）。

    A．分组条件可以有多个，并且每一个可以分别指定排序方式

    B．可以使用 WHERE 子句对所得的分组进行筛选

    C．GROUP BY 可配合聚合函数一起使用，但 GROUP BY 子句中不能直接使用聚合函数

    D．除了聚合函数，SELECT 语句中的每个列都必须在 GROUP BY 子句中给出

29. SQL 中修改表结构的语句是（   ）。

    A．MODIFY TABLE   B．MODIFY STRUCTURE

    C．ALTER TABLE   D．ALTER STRUCTURE

30. 重新命名某个数据表的命令是（   ）。

    A．UPDATE   B．RENAME TABLE

    C．DROP TABLE   D．REMOVE

31. 下列不属于数据库设计阶段的工作是（   ）。

    A．详细结构设计   B．概念结构设计 C．逻辑结构设计 D．物理结构设计

32. 设有 E–R 图，含有 A、B 两个实体，A、B 之间联系的类型是 $m:n$，则将该 E–R 图转换为关系模式时，关系模式的数量是（   ）。

    A．3   B．2   C．1   D．4

33. 数据库系统按不同层次可采用不同的数据模型，一般可分为三层：物理层、概念层和（   ）。

    A．系统层   B．服务层   C．表示层   D．逻辑层

34. 在 MySQL 中，指定一个已存在的数据库作为当前工作数据库的命令是（   ）。

    A．USE   B．USING   C．CREATE   D．SELECT

35. 修改表中数据的命令是（   ）。

    A．UPDATE   B．ALTER TABLE   C．REPAIR TABLE   D．CHECK TABLE

36. 在使用 ALTER TABLE 修改表结构时，关于 CHANGE 和 MODIFY 两子句的描述中，不正确的是（   ）。

    A．CHANGE 后面需要写两次列名，而 MODIFY 后面只写一次

    B．两种方式都可用于修改某个列的数据类型

    C．都可以使用 FIRST 或 AFTER 来修改列的排列顺序

    D．MODIFY 可用于修改某个列的名称

37. MySQL 服务器所使用的配置文件是（   ）。

    A．my.ini   B．my–small.ini   C．my–medium.ini   D．my–large.ini

38. 在数据库的概念结构设计过程中，最常用的是（   ）。

    A．实体–联系模型图（E–R 模型图）   B．UML 图

    C．程序流程图   D．数据流图

39. 指定一个数据库为当前数据库的 SQL 语句语法格式是（   ）。

    A．CREATE DATABASE db_name;   B．USE db_name;

    C．SHOW DATABASES;   D．DROP DATABASE db_name;

40. 在 MySQL 中，关键字 AUTO_INCREMENT 用于为列设置自增属性，能够设置该属性的数

据类型是（　　）。

  A．字符串类型　　　　B．日期类型　　　　C．整型　　　　D．枚举类型

二、基本操作题

  在考生文件夹下的数据库 xsxk 中包含 3 张数据表（学生基本信息表 xs、课程基本信息表 kc 和选课信息表 xk），各数据表结构如下：

  xs（stuid、stuname、sex、age、add、tel、email）

  kc（courseid、coursename、period）

  xk（stuid、courseid、score）

  在考生文件夹下完成下列操作，所有操作题必须编写与题目相应的 SQL 语句，并至少执行一次该命令。

  1．使用 INSERT 语句，在数据表 xs 中添加一条新记录，各项数据如下：

  （"201701021"，"王子建"，"男"，19，"华山路一段 103 号 18 栋 508 室"，"13780018001"，"zijian_wang@163.com"）

  2．使用 UPDATE 语句，将数据表 xk 中学号（stuid）为 201701002 的学生所选课程号为 003（courseid）课程的分数改为 85 分。

  3．使用 SELECT 语句，从数据表 xs 中查询所有年龄在 20 岁以上的同学的信息（xs 表中所有字段），查询结果先按学号升序排，再按年龄降序排序。运行成功后将本条 SELECT 语句存入 xt11.txt 文件中。

  4．使用 SELECT 语句，从数据表 xk 和 kc 中查询课程平均分在 80 分以上的课程信息。结果包含课程名（coursename）、平均分两列。运行成功后将本条 SELECT 语句存入 xt12.txt 文件中

  5．建立一个名为 stu_ad 的用户，为其授予关于数据表 kc 的 SELECT、INSERT 权限。

三、简单应用题

  1．使用 SQL 语句在数据库 xsxk 中创建一个存储过程，该存储过程用于统计数据表 xk 中每门课程的选课人数。

  注意：在考生文件夹的 xt21.txt 文件中已给出部分程序，但程序尚不完整，请考生在横线处填上适当的内容后把横线删除，将程序补充完整，并按原文件名保存在考生文件夹下，否则没有成绩。

  2．创建一个名为 xs_course 的视图，该视图内容为选修了 005 课程（courseid 为 005）的所有学生的学号（stuid）、姓名（stuname）和成绩（score）。

  注意：在考生文件夹的 xt22.txt 文件中已给出部分程序，但程序尚不完整，请考生在横线处填上适当的内容后把横线删除，将程序补充完整，并按原文件名保存在考生文件夹下，否则没有成绩。

四、综合应用题

  在考生文件夹下存有一个 xt3.php 的 PHP 程序，该程序功能为：从数据库 xsxk 中查询出所有"男"同学的学号（stuid）、姓名（stuname）、电子邮件（email），并能以网页表格的形式列出

这些学生的学号、姓名和电子邮件信息。

　　请在横线处填上适当的内容后把横线删除，使其成为一段可执行的完整 PHP 程序，并按原文件名保存在考生文件夹下，否则没有成绩。

全国计算机等级考试（二级）MySQL 数据库程序设计模拟试题

（第二套）

一、选择题

1. 结构化程序设计的基本原则不包括（　　　）。

　　A. 多态性　　　　　　　B. 自顶向下　　　　　　C. 模块化　　　　　　D. 逐步求精

2. 下列叙述中正确的是（　　　）。

　　A. 循环队列有队头和队尾两个指针，因此，循环队列是非线性结构

　　B. 在循环队列中，只需要队头指针就能反映队列中元素的动态变化情况

　　C. 在循环队列中，只需要队尾指针就能反映队列中元素的动态变化情况

　　D. 循环队列中元素的个数是由队头指针和队尾指针共同决定

3. 下列排序方法中，最坏情况下比较次数最少的是（　　　）。

　　A. 冒泡排序　　　　　B. 简单选择排序　　C. 直接插入排序　　　　D. 堆排序

4. 对于循环队列，下列叙述中正确的是（　　　）。

　　A. 队头指针是固定不变的　　　　　　　　　B. 队头指针一定大于队尾指针

　　C. 队头指针一定小于队尾指针

　　D. 队头指针可以大于队尾指针，也可以小于队尾指针

5. 软件测试的目的是（　　　）。

　　A. 评估软件可靠性　　　　　　　　　　B. 发现并改正程序中的错误

　　C. 改正程序中的错误　　　　　　　　　D. 发现程序中的错误

6. 下列关于二叉树的叙述中，正确的是（　　　）。

　　A. 叶子结点总是比度为 2 的结点少一个

　　B. 叶子结点总是比度为 2 的结点多一个

　　C. 叶子结点数是度为 2 的结点数的两倍

　　D. 度为 2 的结点数是度为 1 的结点数的两倍

7. 一棵二叉树共有 25 个节点，其中 5 各是叶子节点，则度为 1 的节点数为（　　　）。

　　A. 16　　　　　　　　B. 10　　　　　　　　C. 6　　　　　　　　D. 4

8. 下列叙述中正确的是（　　　）。

　　A. 在栈中，栈中元素随栈底指针与栈顶指针的变化而动态变化

　　B. 在栈中，栈顶指针不变，栈中元素随栈底指针的变化而动态变化

　　C. 在栈中,栈底指针不变，栈中元素随栈顶指针的变化而变化

　　D. 以上说法均不对

9. 下列关于栈的叙述中，正确的是（　　　）。

    A. 栈底元素一定是最后入栈的元素　　　B. 栈顶元素一定是最先入栈的元素

    C. 栈操作遵循先进后出的原则　　　　　D. 以上说法均错误

10. 对长度为 n 的线性表排序，在最坏情况下，比较次数不是 $n(n-1)/2$ 的排序方法是（　　　）。

    A. 快速排序　　　　B. 冒泡排序　　　　C. 直接插入排序　　　D. 堆排序

11. 下列关于关系模型的叙述中，正确的是（　　　）。

    A. 关系模型用二维表表示实体及实体之间的联系

    B. 外键的作用是定义表中两个属性之间的关系

    C. 关系表中一列的数据类型可以不同

    D. 主键是表中能够唯一标识元组的一个属性

12. 数据库系统三级模式之间的两级映像指的是（　　　）。

    A. 外模式/模式映像、外模式/内模式映像

    B. 外模式/模式映像、模式/内模式映像

    C. 外模式/内模式映像、模式/内模式映像

    D. 子模式/模式映像、子模式/内模式映像

13. 使用 SQL 语句查询学生信息表 tbl_student 中的所有数据，并按学生学号 stu_id 升序排列，正确的语句是（　　　）。

    A. SELECT * FROM tbl_student ORDER BY stu_id ASC;

    B. SELECT * FROM tbl_student ORDER BY stu_id DESC;

    C. SELECT * FROM tbl_student stu_id ORDER BY ASC;

    D. SELECT * FROM tbl_student stu_id ORDER BY DESC;

14. 现有两个集合：SPECIALITY={计算机专业，信息专业}，POSTGRADUATE={李林，刘敏}，这两个集合的笛卡儿积为（　　　）。

    A. {(计算机专业，李林), (计算机专业，刘敏), (信息专业，李林) , (信息专业，刘敏)}

    B. {(计算机专业，李林), (信息专业，刘敏)}

    C. {(计算机专业，刘敏), (信息专业，李林)}

    D. {计算机专业，信息专业，李林，刘敏}

15. 下列关于 PRIMARY KEY 和 UNIQUE 的描述中，错误的是（　　　）。

    A. 两者都要求属性值唯一，故两者的作用完全一样

    B. 每个表上只能定义一个 PRIMARY KEY 约束

    C. 每个表上可以定义多个 UNIQUE 约束

    D. 建立 UNIQUE 约束的属性列上，允许属性值为空

16. 设有如下表达式：CHECK(score>=0 AND score<=100)，关于该表达式，下列叙述中错误的是（　　　）。

    A. CHECK 是能够单独执行的 SQL 语句

    B. 该表达式定义了对字段 score 的约束

    C. core 的取值范围为 0~100（包含 0 和 100）

    D. 更新表中数据时，检查 score 的值是否满足 CHECK 约束该表达式定义了对字段 score 的约束

17. 下列选项中与 DBMS 无关的是（　　　）。

　　① 概念模型　　　　　　　② 逻辑模型　　　　　　　③ 物理模型

　　A. ①　　　　　　　B. ①③　　　　　　　C. ①②③　　　　　　　D. ③

18. 与文件系统阶段相比，关系数据库技术的数据管理方式具有许多特点，但不包括（　　　）。

　　A. 支持面向对象的数据模型　　　　　　B. 具有较高的数据和程序独立性

　　C. 数据结构化　　　　　　　　　　　　D. 数据冗余小，实现了数据共享

19. 查询一个表中总记录数的 SQL 语句语法格式是（　　　）。

　　A. SELECT COUNT(*) FROM tbl_name;　　B. SELECT COUNT FROM tbl_name;

　　C. SELECT FROM COUNT tbl_name;　　　D. SELECT * FROM tbl_name;

20. 在 MySQL 中，NULL 的含义是（　　　）。

　　A. 无值　　　　　　B. 数值 0　　　　　　C. 空串　　　　　　D. FALSE

21. 在 MySQL 中，可用于创建一个新数据库的 SQL 语句为（　　　）。

　　A. CREATE DATABASE　　　　　　　　B. CREATE TABLE

　　C. CREATE DATABASES　　　　　　　　D. CREATE DB

22. 对于索引，正确的描述是（　　　）。

　　A. 索引的数据无须存储，仅保存在内存中

　　B. 一个表上可以有多个聚集索引

　　C. 索引通常可减少表扫描，从而提高检索的效率

　　D. 所有索引都是唯一性的索引

23. 下列选项中，属于 1：n 联系的两个实体集是（　　　）。

　　A. 所在部门与职工　　　　　　　　　　B. 图书与作者

　　C. 运动项目与参赛运动员　　　　　　　D. 人与身份证

24. 如果 DELETE 语句中没有使用 WHERE 子句，则下列叙述中正确的是（　　　）。

　　A. 删除指定数据表中的最后一条记录　　B. 删除指定数据表中的全部记录

　　C. 不删除任何记录　　　　　　　　　　D. 删除指定数据表中的第一条记录

25. 下列关于 DROP、TRUNCATE 和 DELETE 命令的描述中，正确的是（　　　）。

　　A. 三者都能删除数据表的结构　　　　　B. 三者都只删除数据表中的数据

　　C. 三者都只删除数据表的结构　　　　　D. 三者都能删除数据表中的数据

26. 在安装和配置 MySQL 实例的向导中，可选的 MySQL 服务器类型包括（　　　）。

　　A. Developer Machine(开发者机器)、Server Machine(服务器)、Dedicated MySQL Server Machine(专用 MySQL 服务器)

　　B. Developer Machine(开发者机器)、Dedicated MySQL Server Machine(专用 MySQL 服务器)

　　C. Server Machine(服务器)、Dedicated MySQL Server Machine(专用 MySQL 服务器)

　　D. Developer Machine(开发者机器)、Server Machine(服务器)

27. 以下关于 MySQL 的叙述中，正确的是（　　　）。

　　A. MySQL 是一种开放源码的软件　　　B. MySQL 只能运行在 Linux 平台上

　　C. MySQL 是桌面数据库管理系统　　　D. MySQL 是单用户数据库管理系统

28. 在下列关于"关系"的描述中，不正确的是（　　）。

    A. 行的顺序是有意义的，其次序不可以任意交换

    B. 列是同质的，即每一列中的分量是同一类型的数据，来自同一个域

    C. 任意两个元组不能完全相同

    D. 列的顺序无所谓，即列的次序可以任意交换

29. 下列关于 MySQL 基本表和视图的描述中，正确的是（　　）。

    A. 对基本表和视图的操作完全相同

    B. 只能对基本表进行查询操作，不能对视图进行查询操作

    C. 只能对基本表进行更新操作，不能对视图进行更新操作

    D. 能对基本表和视图进行更新操作，但对视图的更新操作是受限制的

30. 在数据库系统的三级模式结构中，面向某个或某几个用户的数据视图是（　　）。

    A. 外模式　　　　　　B. 模式　　　　　　C. 内模式　　　　　　D. 概念模式

31. 在 CREATE TABLE 语句中，用来指定外键的关键字是（　　）。

    A. CONSTRAINT　　B. PRIMARY KEY　　C. FOREIGN KEY　　D. CHECK

32. 统计表中所有记录个数的聚集函数是（　　）。

    A. COUNT　　　　　B. SUM　　　　　　C. MAX　　　　　　D. AVG

33. 下列不属于数据库管理系统主要功能的是（　　）。

    A. 数据计算功能　　B. 数据定义功能　　C. 数据操作功能　　D. 数据库的维护功能

34. 以下关于数据库设计的叙述中，错误的是（　　）。

    A. 设计数据库就是编写数据库的程序

    B. 数据库逻辑设计的结果不是唯一的

    C. 数据库物理设计与具体的设备和数据库管理系统相关

    D. 数据库设计时，要对关系模型进行优化

35. 数据独立性是指（　　）。

    A. 物理独立性和逻辑独立性　　　　　　B. 应用独立性和数据独立性

    C. 用户独立性和应用独立性　　　　　　D. 逻辑独立性和用户独立性

36. 在使用 SHOW GRANTS 命令显示用户权限时结果为 USAGE,该用户拥有的权限为（　　）。

    A. 当前数据库上的使用权限　　　　　　B. 所有数据库对象上的所有权限

    C. 无权限　　　　　　　　　　　　　　D. 所有数据库对象上的使用权限

37. 下列关于视图的叙述中，正确的是（　　）。

    A. 使用视图，能够屏蔽数据库的复杂性

    B. 更新视图数据的方式与更新表中数据的方式相同

    C. 视图上可以建立索引

    D. 使用视图，能够提高数据更新的速度

38. 在 MySQL 的 SQL 语句中，要实现类似分页功能的效果，可使用（　　）。

    A. LIMIT　　　　　　B. ORDER BY　　　　C. WHERE　　　　　D. TRUNCATE

39. 定义学生表时，若规定年龄字段取值不得超过 30 岁，应该使用的约束是（　　）。

    A. 关系完整性约束　　　　　　　　　　B. 实体完整性约束

  C. 参照完整性约束   D. 用户定义完整性约束

40. 下列关于触发器的定义中，正确的是（ ）。

  A. DELIMITER $$

    CREATE TRIGGER tr_stu AFTER DELETE

      ON tb_student   FOR EACH ROW

    BEGIN

      DELETE FROM tb_sc WHERE sno=OLD.sno;

    END$$

  B. DELIMITER $$

    CREATE TRIGGER tr_stu   AFTER   INSERT

      ON tb_student FOR EACH ROW

    BEGIN

      DELETE FROM tb_sc WHERE sno=OLD.sno;

    END$$

  C. DELIMITER $$

    CREATE TRIGGER tr_stu BEFORE INSERT（sno）

      ON tb_student   FOR EACH ROW

    BEGIN

      DELETE FROM tb_sc WHERE sno=NEW.sno;

    END$$

  D. DELIMITER $$

    CREATE TRIGGER tr_stu AFTER DELETE

      ON tb_student FOR EACH ROW

    BEGIN

      DELETE FROM tb_sc WHERE sno=NEW.sno;

    END$$

二、基本操作题

在考生文件夹下的数据库 spxs 中包含 3 张数据表（商品基本信息表 sp、仓库基本信息表 ck 和仓储信息表 cc），各数据表结构如下：

sp（spid、spname、PN、made、mfrsid）

ck（whid、whname、add）

cc（spid、whid、stqu）

在考生文件夹下完成下列操作，所有操作题必须编写与题目相应的 SQL 语句，并至少执行一次该命令。

1. 用 CREATE 语句，在数据库 spxs 中创建数据表 mf，该数据表可用于记录各制造商的基本信息，包含 mfrsid（制造商编号）、mfrsname（制造商名称）、mfrsadd（制造商地址）3 个字段信息，各字段类型依次为字符型(char(10))、字符型(char(30))和字符型(char(60))。将表中的 mfrsid 字段设为该数据表的主键，mfrsname 和 mfrsadd 字段不能为空。

2. 使用 insert 语句，在数据表 mf 中添加一条新记录，各项数据如下：

（ "m001"，"天泰机械制造公司"，"河北省永安市黄河路 003 号"）

3. 使用 ALTER 语句，修改数据表 sp 的表结构，将字段 made 的字段名称改为 madein。

4. 使用 DELETE 语句，删除数据表 ck 中仓库号（whid）为 wh007 的记录信息。

5. 使用 SELECT 语句，从数据表 sp 和 cc 中查询库存量（stqu）在 1000 以上（包含 1000）的仓储信息。结果包含产品名（spname）、仓库编号（shid）和库存量（stqu）三列。运行成功后将本条 SELECT 语句存入 xt11.txt 文件中

三、简单应用题

1. 在数据库 spxs 中创建一个触发器，其功能为：在商品基本信息表 sp 中删除商品基本信息时，可自动删除该商品在仓储信息表 cc 中的库存信息。

注意： 在考生文件夹的 xt21.txt 文件中已给出部分程序，但程序尚不完整，请考生在横线处填上适当的内容后把横线删除，使程序补充完整，并按原文件名保存在考生文件夹下，否则没有成绩。

2. 创建一个名称为 sp_cc03 的视图，该视图内容为存放在仓库 003（whid）中的所有商品的商品编号（spid）、商品名称（spname）和库存量（stqu）信息，视图内容按库存量（stqu）降序排列。

注意： 在考生文件夹的 xt22.txt 文件中已给出部分程序，但程序尚不完整，请考生在横线处填上适当的内容后把横线删除，使程序补充完整，并按原文件名保存在考生文件夹下，否则没有成绩。

四、综合应用题

在考生文件夹下存有一个 xt3.php 的 PHP 程序，该程序功能为：从数据库 spxs 中查询出所有产地（madein）在"中国"商品的商品编号（spid）、商品名称（spname）和商品型号（PN），查询后以网页表格的形式输出所查产地商品的商品编号、商品名称和商品型号信息。

请在横线处填上适当的内容后把横线删除，使其成为一段可执行的完整 PHP 程序，并按原文件名保存在考生文件夹下，否则没有成绩。

全国计算机等级考试（二级）MySQL 数据库程序设计模拟试题

（第三套）

一、选择题

1. 软件设计中模块划分应遵循的准则是（　　）。

　A. 低内聚低耦合　　B. 高内聚低耦合　　C. 低内聚高耦合　　D. 高内聚高耦合

2. 下列叙述中正确的是（　　）。

　A. 顺序存储结构的存储一定是连续的，链式存储结构的存储空间不一定是连续的

    B. 顺序存储结构只针对线性结构，链式存储结构只针对非线性结构

    C. 顺序存储结构能存储有序表，链式存储结构不能存储有序表

    D. 链式存储结构比顺序存储结构节省存储空间

3. 软件按功能可以分为：应用软件、系统软件和支撑软件(或工具软件)。下面属于应用软件的是（   ）。

    A. 编译程序   B. 操作系统   C. 教务管理系统   D. 汇编程序

4. 算法的空间复杂度是指（   ）。

    A. 算法在执行过程中所需要的计算机存储空间

    B. 算法所处理的数据量

    C. 算法程序中的语句或指令条数

    D. 算法在执行过程中所需要的临时工作单元数

5. 在软件开发中，需求分析阶段产生的主要文档是（   ）。

    A. 软件集成测试计划   B. 软件详细设计说明书

    C. 用户手册   D. 软件需求规格说明书

6. 软件生命周期中的活动不包括（   ）。

    A. 市场调研   B. 需求分析   C. 软件测试   D. 软件维护

7. 在下列模式中，能够给出数据库物理存储结构与物理存取方法是（   ）。

    A. 外模式   B. 内模式   C. 概念模式   D. 逻辑模式

8. 软件功能可以分为应用软件、系统软件和支撑软件（或工具软件）。下面属于应用软件的是（   ）。

    A. 学生成绩管理系统   B. C 语言编译程序

    C. UNIX 操作系统   D. 数据库管理系统

9. 公司中有多个部门和多名职员，每个职员只能属于一个部门，一个部门可以有多名职员。则实体部门和职员间的联系是（   ）。

    A. 1:1 联系   B. m:1 联系   C. 1:m 联系   D. m:n 联系

10. 在数据库设计中，将 E-R 图转换成关系数据模型的过程属于（   ）。

    A. 需求分析阶段   B. 概念设计阶段   C. 逻辑设计阶段   D. 物理设计阶段

11. 数据库系统的三级模式结构是（   ）。

    A. 模式、外模式、内模式   B. 外模式、子模式、内模式

    C. 模式、逻辑模式、物理模式   D. 逻辑模式、物理模式、子模式

12. 下列不属于 MySQL 逻辑运算符的是（   ）。

    A. | B. !   C. || D. &&

13. 在 MySQL 中，使用关键字 AUTO_INCREMENT 设置自增属性时，要求该属性列的数据类型是（   ）。

    A. INT   B. DATETIME   C. VARCHAR   D. DOUBLE

14. 要消除查询结果集中的重复值，可在 SELECT 语句中使用关键字（   ）。

    A. UNION   B. DISTINCT   C. LIMIT   D. REMOVE

15. 设有学生表 student，包含的属性有学号 sno、学生姓名 sname、性别 sex、年龄 age、所

在专业 smajor。下列语句正确的是（　　　）。

    A. SELECT sno, sname FROM student　ORDER BY sname

        Union

        SELECT sno, sname FROM student WHERE smajor='CS';

    B. SELECT sno, sname FROM student WHERE sex='M'

        Union

        SELECT sno, sname, sex FROM student WHERE smajor='CS';

    C. SELECT sno, sname FROM student WHERE sex='M' ORDER BY sname

        Union

        SELECT sno, sname FROM student WHERE smajor='CS';

    D. SELECT sno, sname FROM student WHERE sex='M'

        Union

        SELECT sno, sname FROM student WHERE smajor ='CS';

16. 在 MySQL 中，要删除某个数据表中所有用户数据，不可以使用的命令是（　　　）。

    A. DELETE　　　　　B. TRUNCATE　　　　C. DROP　　　　　　　D. 以上方式皆不可用

17. 下列关于 MySQL 数据库的叙述中，错误的是（　　　）。

    A. 执行 ATLER DATABASE 语句更改参数时，不影响数据库中现有对象

    B. 执行 CREATE DATABASE 语句后，创建了一个数据库对象的容器

    C. 执行 DROP DATABASE 语句后，数据库中的对象同时被删除

    D. CREATE DATABASE 与 CREATE SCHEMA 作用相同

18. 下列关于索引的叙述中，错误的是（　　　）。

    A. 索引能够提高数据表读/写速度

    B. 索引能够提高查询效率

    C. UNIQUE 索引是唯一性索引

    D. 索引可以建立在单列上，也可以建立多列上

19. 在使用 INSERT INTO 插入记录时，对于 AUTO_INCREMENT 列，若需要使其值自动增长，下面填充方式中错误的是（　　　）。

    A. 填充 NULL 值　　B. 不显式地填充值　　C. 填充数字 0　　　　D. 填充数字 1

20. 按照数据库规范化设计方法可将数据库设计分为 6 个阶段，下列不属于数据库设计阶段的是（　　　）。

    A. 概念结构设计　　B. 逻辑结构设计　　C. 需求分析　　　　　D. 功能模块设计

21. MySQL 数据库的数据模型是（　　　）。

    A. 关系模型　　　　B. 层次模型　　　　C. 物理模型　　　　　D. 网状模型

22. 在关系模型中，下列规范条件对表的约束要求最严格的是（　　　）。

    A. BCNF　　　　　　B. 1NF　　　　　　　C. 2NF　　　　　　　　D. 3NF

23. 在 SQL 语句中，与表达式 sno NOT IN("s1","s2")功能相同的表达式是（　　　）。

    A. sno="s1" AND sno="s2"　　　　　　　　B. sno!= "s1" OR sno!= "s2"

    C. sno="s1" OR sno="s2"　　　　　　　　　D. sno!= "s1" AND sno!= "s2"

24. MySQL 中，子查询中可以使用运算符 ANY，它表示的意思是（　　）。

　　A. 所有的值都满足条件　　　　　　　B. 至少一个值满足条件

　　C. 一个值都不用满足　　　　　　　　D. 至多一个值满足条件

25. 为字段设置默认值，需要使用的关键字是（　　）。

　　A. NULL　　　　　　B. TEMPORARY　　　C. EXIST　　　　　　D. DEFAULT

26. 在 MySQL 5.7 中，使用日志文件恢复数据的命令是（　　）。

　　A. MYSQLBINLOG　　　　　　　　　　B. MYSQLIMPORT

　　C. MYSQL　　　　　　　　　　　　　　D. MYSQLDUMP

27. 下列关于数据的描述中，错误的是（　　）。

　　A. 数据是描述事物的符号记录　　　　B. 数据和它的语义是不可分的

　　C. 数据指的就是数字　　　　　　　　D. 数据是数据库中存储的基本对象

28. 数据库系统按不同层次可采用不同的数据模型，三层结构中包括物理层、逻辑层和（　　）。

　　A. 系统层　　　　　B. 服务层　　　　　C. 表示层　　　　　D. 概念层

29. 下列关于数据库系统特点的叙述中，错误的是（　　）。

　　A. 非结构化数据存储　　　　　　　　B. 数据共享性好

　　C. 数据独立性高　　　　　　　　　　D. 数据由数据库管理系统统一管理控制

30. 在 MySQL 数据库中，可以在服务器、数据库、表等级别上指定默认字符集，而这些字符集的设置将作用于（　　）。

　　A. 所有字段　　　　　　　　　　　　B. CHAR、VARCHAR、TEXT 等字符类型的字段

　　C. 所有数据库连接　　　　　　D. 数值型字段

31. 在 MySQL 中执行语句：SELECT 'c'+'d';以下正确的结果是（　　）。

　　A. 0　　　　　　　B. cd　　　　　　　C. c+D　　　　　　D. 报错

32. 查找学生表 student 中姓名的第二个字为"t"的学生学号 sno 和姓名 sname，下面 SQL 语句正确的是（　　）。

　　A. SELECT sno, sname FROM student WHERE sname='_t%';

　　B. SELECT sno, sname FROM student WHERE sname LIKE '_t%';

　　C. SELECT sno, sname FROM student WHERE sname＝'%t_';

　　D. SELECT sno, sname FROM student WHERE sname LIKE '%t_';

33. 模式/内模式映像保证数据库系统中的数据能够具有较高的（　　）。

　　A. 逻辑独立性　　　B. 物理独立性　　　C. 共享性　　　　　D. 结构化

34. 常见的数据库系统运行与应用结构包括（　　）。

　　A. C/S 和 B/S　　　B. B2B 和 B2C　　　C. C/S 和 P2P　　　D. B/S

35. 数据库、数据库管理系统和数据库系统三者之间的关系是（　　）。

　　A. 数据库包括数据库管理系统和数据库系统

　　B. 数据库系统包括数据库和数据库管理系统

　　C. 数据库管理系统包括数据库和数据库系统

　　D. 不能相互包括

36. 现要求删除 MySQL 数据库中已创建的事件，通常使用的语句是（　　）。

    A．DROP EVENT　　　　　　　　　　B．DROP EVENTS

    C．DELETE EVENT　　　　　　　　　　D．DELETE EVENTS

37. 学生表 student 包含 sname、sex、age 三个属性列，其中 age 的默认值是 20，执行 SQL 语句 INSERT INTO student(sex, sname, age) VALUES('M', 'Lili',);的结果是（　　）。

    A．执行成功，sname, sex, age 的值分别是 Lili, M, 20

    B．执行成功，sname, sex, age 的值分别是 M, Lili, NULL

    C．执行成功，sname, sex, age 的值分别是 M, Lili, 20

    D．SQL 语句不正确，执行失败

38. 在 MySQL 中，查看所有数据库列表的语句是（　　）。

    A．SHOW DATABASES;　　　　　　　　B．SHOW SCHEMA;

    C．SELECT DATABASE();　　　　　　　D．SHOW DATABASE;

39. 在 MySQL 中，可支持事务、外键的常用数据库引擎是（　　）。

    A．MyISM　　　　B．MEMORY　　　　C．FEDERATED　　　　D．InnoDB

40. 在存储过程的定义中，其参数的输入输出类型包括（　　）。

    A．IN、OUT　　　　　　　　　　　　B．IN、OUT、INOUT

    C．IN　　　　　　　　　　　　　　　D．OUT

二、基本操作题

在考生文件夹下的数据库 cpxs 中包含 3 张数据表（员工基本信息表 employee、客户基本信息表 customer 和订单信息表 order），各数据表结构如下：

employee（empid、empname、sex、age、add、tel）

customer（cusid、cusname、type）

order（orderid、empid、cusid、orderdetail、date）

在考生文件夹下完成下列操作，所有操作题必须编写与题目相应的 SQL 语句，并至少执行一次该命令。

1. 使用 ALTER 命令，在数据表 employee 中增加一个字段，字段名为 email，类型为字符型，长度为 20，允许为空。

2. 使用 DELETE 命令，在数据表 ORDER 中删除订单编号（orderid）为 ord1007 的订单信息。

3. 使用 UPDATE 语句，在数据表 customer 中将客户"清江物流"（cusname）的客户类型（type）改为"G"。

4. 使用 SELECT 语句，从数据表 employee 和 ORDER 中查询出 2016 年 1 月 1 日以后（包含 2016 年 1 月 1 日）所签订单的相关信息。查询结果包含订单号（orderid）、签订员工（empname）和签订日期（date）三列。运行成功后将本条 SELECT 语句存入 xt11.txt 文件中

5. 建立一个名为 employ_adm 的用户，为其授予关于数据表 employee 的 INSERT、DELETE 权限。

三、简单应用题

1. 在数据库 cpxs 中创建一个存储过程，该存储过程可通过"员工姓名"（empname）返回该员工所签全部订单的基本信息（数据表 order 中的全部字段）。

注意：在考生文件夹的 xt21.txt 文件中已给出部分程序，但程序尚不完整，请考生在横线处填上适当的内容后把横线删除，使程序补充完整，并按原文件名保存在考生文件夹下，否则没有成绩。

2. 创建一个名称为 cus_order 的视图，该视图内容为客户 c012（cusid 为 c012）所签订单的基本信息，结果包括客户号（cusid）、客户名（cusname）、订单编号（orderid）、签订日期（date）。

注意：在考生文件夹中的 xt22.txt 文件已给出部分程序，但程序尚不完整，请考生在横线处填上适当的内容后把横线删除，使程序补充完整，并按原文件名保存在考生文件夹下，否则没有成绩。

四、综合应用题

在考生文件夹下已有一个 xt3.php 的 PHP 程序，该程序功能为：从数据库 cpxs 中查询出所有"男"性员工的员工号（empid）、员工姓名（empname）和年龄（age）信息，并以网页表格的形式输出这些信息。

请在横线处填上适当的内容后把横线删除，使其成为一段可执行的完整 PHP 程序，并按原文件名保存在考生文件夹下，否则没有成绩。

附录 B

PHP 常用函数快速查询表

1. 通过 PHP 操作 MySQL 数据库常用函数

函 数 名	作 用
mysql_connect()	打开一个到 MySQL 服务器的非持久性链接
mysql_close()	关闭 MySQL 连接
mysql_create_db()	新建一个 MySQL 数据库
mysql_drop_db()	丢弃（删除）一个 MySQL 数据库
mysql_fetch_array()	从结果集中取得一行作为关联数组或数字数组
mysql_fetch_object()	从结果集中取得一行作为对象
mysql_free_result()	释放结果内存
mysql_query()	发送一条 MySQL 查询
mysql_select_db()	选择 MySQL 数据库
mysql_list_dbs()	列出 MySQL 服务器中所有的数据库
mysql_insert_id()	取得上一步 INSERT 操作产生的 ID
mysql_tablename()	取得表名
mysql_db_name()	取得结果数据
mysql_field_name()	取得结果中指定字段的字段名
mysql_field_table()	取得指定字段所在的表名
mysql_field_name()	取得结果中指定字段的字段名
mysql_field_len()	返回指定字段的长度

2. 字符串函数

函 数 名	作 用
echo()	输出一个或者是多个字符串
printf()	格式化并输出该字符串
explode()	使用一个字符串分割另一个字符串
implode()	将一个数组的所有元素连接成一个字符串
rtrim()	去除一个字符串右边的空白(或者是其他的字符)
ltrim()	去除一个字符串左边的空白(或者是其他的字符)
trim()	去掉字符串左右两边的空白(或者其他字符)

函　数　名	作　用
str_split()	将一个字符串转换成一个数组
str_word_count()	返回一个字符串中单词的个数
strcmp()	字符串比较
strlen()	返回字符串的长度
strncasecmp()	比较两个字符串长度，区分大小写
substr()	返回指定位置的字串
strops()	查找一个字符在一个字符串中第一次出现的位置
strrchr()	返回从某字符最后一次出现的位置开始一直到字符串结束的子串
strripos()	返回某字符在字符串中最后一次出现的位置(不区分大小写)
strrpos()	返回某字符在字符串中最后一次出现的位置(区分大小写)
strtolower()	将字符串所有字符转换为小写
strtoupper()	将字符串所有字符转换为大写
substr_count()	计算子串出现的次数(区分大小写)
substr_replace()	字串替换
substr()	返回指定位置的字串
ucfirst()	使一个字符串的第一个字符大写
ucwords()	将一个字符串的每个单词的第一个字母大写
wordwrap()	使字符串在指定位置换行
ord()	返回一个字符的 ASCII 值
md5()	将一个给定的字符串用 MD5 编码
md5_file()	将一个给定的文件用 MD5 编码
html_entity_decode()	将所有的 HTML 实体转换成对应的字符
htmlentities()	将所有的字符转换成 HTML 实体
htmlspecialchars()	将特定的字符转换成 HTML 实体

3．数组函数

函　数　名	作　用
array()	新建一个数组
array_combine()	创建一个数组，用一个数组的值作为其键名，另一个数组的值作为其值
arsort()	对数组进行逆向排序并保持索引关系
assort()	对数组进行排序并保持索引关系
krsort()	对数组按照键名逆向排序
ksort()	对数组按照键名排序
current()	返回数组中的当前单元
count()	计算数组中的单元数目或对象中的属性个数
each()	返回数组中当前的键／值对并将数组指针向前移动一步
end()	将数组的内部指针指向最后一个单元

函　数　名	作　　用
array_merge()	合并一个或多个数组
array_pop()	将数组最后一个单元弹出（出栈）
array_product()	计算数组中所有值的乘积
array_push()	将一个或多个单元压入数组的末尾（入栈）
array_search()	在数组中搜索给定的值，如果成功则返回相应的键名
array_sum()	计算数组中所有值的和
array_shift()	将数组开头的单元移出数组
array_slice()	从数组中取出一段
array_splice()	把数组中的一部分去掉并用其他值取代
array_unique()	移除数组中重复的值
list()	把数组中的值赋给一些变量
next()	将数组中的内部指针向前移动一位
prev()	将数组的内部指针倒回一位
range()	建立一个包含指定范围单元的数组
reset()	将数组的内部指针指向第一个单元
rsort()	对数组逆向排序
shuffle()	将数组打乱

4. 时间函数

函　数　名	作　　用
date_default_timezone_get()	取得一个脚本中所有日期时间函数所使用的默认时区
date()	格式化一个本地时间／日期
time()	返回当前的 UNIX 时间戳
getdate()	取得日期／时间信息
gettimeofday()	取得当前时间
localtime()	取得本地时间

5. PHP 监测变量函数

函　数　名	作　　用
empty()	检查一个变量是否为空
floatval()	获取变量的浮点值
gettype()	获取变量的类型
intval()	获取变量的整数值
is_array()	检测变量是否是数组
is_bool()	检测变量是否是布尔型
is_callable()	检测参数是否为合法的可调用结构
is_float()	检测变量是否是浮点型
is_int()	检测变量是否是整数

续表

函　数　名	作　用
is_null()	检测变量是否为 NULL
is_numeric()	检测变量是否为数字或数字字符串
is_object()	检测变量是否是一个对象
is_scalar()	检测变量是否是一个标量
is_string()	检测变量是否是字符串
isset()	检测变量是否设置
serialize()	产生一个可存储的值的表示
settype()	设置变量的类型
strval()	获取变量的字符串值
unserialize()	从已存储的表示中创建 PHP 的值
unset()	释放给定的变量
var_dump()	打印变量的相关信息

6. 数学函数

函　数　名	作　用
abs()	绝对值
acos()	反余弦
acosh()	反双曲余弦
asin()	反正弦
asinh()	反双曲正弦
atan2()	两个参数的反正切
atan()	反正切
atanh()	反双曲正切
base_convert()	在任意进制之间转换数字
bindec()	二进制转换为十进制
ceil()	进一法取整
cos()	余弦
cosh()	双曲余弦
decbin()	十进制转换为二进制
dechex()	十进制转换为十六进制
decoct()	十进制转换为八进制
hexdec()	十六进制转换为十进制
octdec()	八进制转换为十进制
deg2rad()	将角度转换为弧度
exp()	计算（自然对数的底）e 的指数
expm1()	exp(number)-1,甚至当 number 的值接近零也能计算出准确结果
floor()	舍去法取整

续表

函 数 名	作 用
fmod()	返回除法的浮点数余数
is_finite()	判断是否为有限值
is_infinite()	判断是否为无限值
is_nan()	判断是否为合法数值
log10()	以 10 为底的对数
log1p()	返回 log(1+number)，甚至当 number 的值接近零也能计算出准确结果
log()	自然对数
max()	找出最大值
min()	找出最小值
mt_getrandmax()	显示随机数的最大可能值
mt_rand()	生成更好的随机数
mt_srand()	播下一个更好的随机数发生器种子
rand()	产生一个随机整数
round()	对浮点数进行四舍五入
sin()	正弦
sqrt()	平方根
srand()	播下随机数发生器种子
tan()	正切

参 考 文 献

[1] [美] GILMORE W J. PHP 与 MySQL 程序设计[M]. 4 版. 朱涛江，等译. 北京：人民邮电出版社，2011.

[2] 崔洋，贺亚茹. MySQL 数据库从入门到精通[M]. 北京：中国铁道出版社，2016.

[3] 全国计算机等级考试教材编写组 未来教育教学研究中心. 全国计算机等级考试教程二级 MySQL[[M]. 北京：人民邮电出版社，2017.

[4] 钱雪忠，王燕玲，张平. MySQL 数据库技术与实验指导[M]. 北京：清华大学出版社，2012.

[5] 黎远松. PHP 程序设计教程实验及课程设计[M]. 成都：西南交通大学出版社，2017.

[6] 马杰. PHP 实训教程[M]. 上海：立信会计出版社，2017.

[7] 徐辉. PHP Web 程序设计教程与实验[M]. 北京：清华大学出版社，2008.

[8] 仲林林，王沫. PHP 从入门到精通（含盘）[M]. 北京：中国铁道出版社，2014.